ZEITSCHRIFT FÜR ANGEWANDTE MATHEMATIK UND MECHANIK

INGENIEURWISSENSCHAFTLICHE FORSCHUNGSARBEITEN

BAND 57 1977 HEFT 3

AUS DEM INHALT

AKADEMIE-VERLAG · BERLIN

ZAMM Bd. 57 Nr. 3 S. 133—200 Berlin, März 1977

EVP 18,— M 34115

INHALT

Wir bitten, **Manuskriptsendungen** zweifach (Original und eine Kopie, sprachlich einwandfrei, Formeln mit Maschine oder in Druckschrift geschrieben) an folgende Anschrift zu richten:

Zeitschrift für Angewandte Mathematik und Mechanik z. Hd. Herrn Prof. Dr. Günter Schmidt
Zentralinstitut für Mathematik und Mechanik an der Akademie der Wissenschaften der DDR
DDR-108 Berlin, Mohrenstraße 39.

Zu den Arbeiten, die als Hauptaufsätze bestimmt sind, ist auf gesondertem Blatt eine Zusammenfassung von 5 bis 10 Zeilen in englischer und (möglichst) deutscher und russischer Sprache beizufügen. Ausführliche Hinweise für die Autoren, um deren strikte Berücksichtigung gebeten wird, finden sich im Anschluß an das Inhaltsverzeichnis des Jahrganges **56** (1976).

Die Autoren erhalten von den Hauptaufsätzen 75, von den Kleinen Mitteilungen 25 Sonderdrucke ohne Berechnung, darüber hinaus weitere Sonderdrucke gegen Berechnung.

Bezugsmöglichkeiten: Besetellungen sind zu richten

- **in der DDR** an den Postzeitungsvertrieb; an eine Buchhandlung oder an den Akademie-Verlag, DDR-108 Berlin, Leipziger Straße 3—4
- **im sozialistischen Ausland** an eine Buchhandlung für fremdsprachige Literatur oder an den zuständigen Postzeitungsvertrieb
- **in der BRD und Westberlin** an eine Buchhandlung oder an die Auslieferungsstelle KUNST UND WISSEN. Erich Bieber, 7 Stuttgart 1, Wilhelmstraße 4—6
- **in Österreich** an den Globus-Buchvertrieb, 1201 Wien, Höchststädtplatz 3
- **im übrigen Ausland** an den Internationalen Buch- und Zeitschriftenhandel; den Buchexport, Volkseigener Außenhandelsbetrieb der Deutschen Demokratischen Republik, DDR-701 Leipzig, Postfach 160, oder an den Akademie-Verlag, DDR 108 Berlin, Leipziger Straße 3—4.

ZEITSCHRIFT FÜR ANGEWANDTE MATHEMATIK UND MECHANIK
Herausgeber und Chefredakteur: Prof. Dr. Günter Schmidt (redaktionelle Mitarbeit: Dr. W. Heinrich und Dr. H. Weinert), Zentralinstitut für Mathematik und Mechanik der Akademie der Wissenschaften der DDR, Verlag: Akademie-Verlag, DDR-108 Berlin, Leipziger Straße 3—4; Fernruf: 2200441; Telex-Nr.: 114420; Postscheckkonto: Berlin 35021. Bank: Staatsbank der DDR, Berlin, Kto.-Nr.: 6836-26-20712. Anschrift der Redaktion: Zentralinstitut für Mathematik und Mechanik der Akademie der Wissenschaften, DDR-108 Berlin, Mohrenstraße 39; Fernruf: 2000561.

Veröffentlicht unter der Lizenznummer 1282 des Presseamtes beim Vorsitzenden des Ministerrates der Deutschen Demokratischen Republik. Gesamtherstellung: VEB Druckerei „Thomas Müntzer", DDR-582 Bad Langensalza. Erscheinungsweise: Die Zeitschrift für Angewandte Mathematik und Mechanik erscheint monatlich. Die 12 Hefte eines Jahres einschließlich Tagungsheft bilden einen Band. Bezugspreis je Band 300,— M zuzüglich Versandspesen (Preis für die DDR 216,— M). Bezugspreis je Heft 25,— M (Preis für die DDR 18,—M). Bestellnummer dieses Heftes: 1009/57/3.

AN (EDV) 35 937

ZAMM 57, 133–136 (1977)

Nachruf für CONSTANTIN WEBER

Am 14. August, dem Tage der Vollendung seines 91. Lebensjahres, ist Professor Dr.-Ing. Dr.-Ing. E. h. CONSTANTIN WEBER in Hannover gestorben. Mit ihm ist ein hervorragender Pädagoge und ein hochbegabter Fachmann auf dem Gebiete der angewandten Mechanik und Festigkeitslehre, der über viele Jahrzehnte zum wissenschaftlichen Beirat der ZAMM gehörte, von uns gegangen.

Geboren 1885 als Sohn eines Arztes in Bärenwalde/Sachsen verlebte er von seinem zehnten Lebensjahre an seine Jugend in Rußland, vor allem in Riga, wo sich sein Vater als Sprachlehrer niedergelassen hatte. Dort besuchte er die Realschule und anschließend die polytechnische Lehranstalt. Von 1906 bis 1911 studierte er in Braunschweig Maschinenbau. Nach Abschluß seines Studiums ging er in die Industrie; insbesondere war er bei den Firmen Maschinenbau AG Tigler und DEMAG in Duisburg als Konstrukteur im Kranbau tätig. In diese Zeit fällt seine erste Zusammenarbeit mit GUSTAV NIEMANN, seinem späteren engen Freunde, der als Spezialist für Maschinenelemente, insbesondere für Zahnräder Weltruf erlangte (1934—51 o. Prof. TH Braunschweig, seit 1951 TH München). Im ersten Weltkriege wurde WEBER eingezogen und erlitt eine schwere Verwundung. Im Jahre 1926 ging er als Dozent an die Maschinenbauschule Dortmund. Zwei Jahre später wurde er durch eine Empfehlung LUDWIG PRANDTLS als ordentlicher Professor für Mechanik und Festigkeitslehre an die TH Dresden berufen, wo er bis Ende des zweiten Weltkrieges mit großem Erfolg tätig war. Diese Dresdner Zeit war der erste Schwerpunkt des Wirkens von Constantin Weber als Wissenschaftler und Pädagoge. Viele hervorragende Ingenieure, Wissenschaftler und Forscher zählen zu seinen Dresdner Schülern, und viele ausgezeichnete wissenschaftliche Arbeiten entstanden in jener Zeit unter seiner Beratung und Mitwirkung. Nach dem Zusammenbruch ging er als Leiter der theoretischen Abteilung des Niemannschen Institutes für Maschinenelemente an die TH Braunschweig, wo er zugleich einen Lehrauftrag für Sondergebiete der Mechanik übernahm. In dieser Zeit, die als zweiter Schwerpunkt seines Wirkens anzusehen ist, entstanden viele grundlegende Arbeiten auf dem Gebiete der Zahnradgetriebe. Auch heute noch werden manche Berechnungsansätze für Zahnräder als „Lösungen nach Weber" bezeichnet. Besonders fruchtbar war die Zusammenarbeit Constantin Webers mit Gustav Niemann bei der Entwicklung der Hohlflankenschnecke, die später für den Bau ruhig laufender Getriebe große technische Bedeutung erlangte. Auch in dieser Zeit entstanden unter Webers Initiative und Mitwirkung zahlreiche Forschungsberichte und Dissertationen. In Anerkennung seiner vielseitigen Verdienste verlieh ihm im Jahre 1950 die Technische Hochschule Braunschweig die Ehrendoktorwürde. Was HERMANN SCHÄFER damals in seiner Laudatio hervorhob, ist für Constantin Weber besonders charakteristisch und sei deshalb auch hier wiedergegeben: „. . . in den wissenschaftlichen Aussagen seiner Veröffentlichungen hat er sich nie geirrt . . ." In der Tat war er auf seinem Fachgebiet eine unbedingte Autorität, und sein Wort galt. Seine wissenschaftliche Tätigkeit war unermüdlich und außerordentlich fruchtbar. Stets verstand er es, auch schwierige Probleme auf einfache Fragestellungen zurückzuführen. Seit Gründung der ZAMM stand er dieser Zeitschrift nahe. Einen großen Teil seiner wissenschaftlichen Arbeiten hat er in der ZAMM veröffentlicht. Schon zu seinem 65. Geburtstage wurde sein Leben und Wirken vom damaligen Herausgeber Fr. A. WILLERS, der ihn als Kollegen in Dresden persönlich kennen und schätzen gelernt hatte, ausführlich gewürdigt [ZAMM 30, S. 230—232 (1950)]. Zu seinem 80. Geburtstag erfuhr sein Wirken durch den nachfolgenden Herausgeber H. HEINRICH eine anerkennende Würdigung [ZAMM 45, S. 455 (1965)]. An seinem 90. Geburtstag war Weber das älteste Mitglied des Herausgebergremiums und der älteste Autor der ZAMM [Glückwunschadresse durch H. HEINRICH, ZAMM 55, S. 620 (1975)].

Bei seinen Arbeiten ging Weber stets von der Anschauung aus. Insbesondere veranschaulichte und deutete er stets seine rechnerisch gefundenen Ergebnisse. Diese Sicherheit seiner Anschauung und sein Ideenreichtum machten ihn zum Meister seines Fachgebietes. Veröffentlichungen rein abstrakt-mathematischer Art ohne Bezugnahme auf praktische Beispiele lehnte er ab. Für seine Studenten war er ein wirklicher „Studentenvater", denn er widmete einen großen Teil seiner Zeit ihrer Beratung und Betreuung. Im zweiten Weltkriege hatte er die Verbindung der TH Dresden mit ca. 5000 Kriegsteilnehmern, z. T. sogar mit Kriegsgefangenen, durch die unermüdliche Versendung von Lehrbriefen unter den schwierigsten Verhältnissen aufrechterhalten. Immer pflegte er den persönlichen Kontakt mit fachlich interessierten Studenten, regte diese zum eigenen Denken an und veranlaßte so zahlreiche Dissertationen. Wenn es notwendig wurde, konnte er jungen Studenten gegenüber aber auch erzieherische Strenge walten lassen. So brachte er zuweilen am schwarzen Brett seines Dresdner Lehrstuhls in seiner prägnanten Handschrift Anschläge an mit dem Text: „Folgenden Bummelanten empfehle ich, ihr Studium aufzugeben" mit anschließender Namenliste. Wohl die vernichtendste Antwort, die der Nichtraucher Weber den Eltern eines versagenden Studenten gegeben hat, war: „Kaufen Sie Ihrem Sohn lieber einen Zigarrenladen". Seine besondere pädagogische Begabung, die ihn bei den Studenten sehr beliebt machte, befähigte ihn, auch für schwierige Probleme einfache Lösungswege zu finden und auf diese Weise seine Hörer und Leser vom Einfachen zum Komplizierten zu führen. Dieses Bestreben veranlaßte ihn, seiner Vorlesung und seinen Veröffentlichungen stets Leitsprüche voranzustellen, so z. B. zum 1. Kapitel seines Buches über Festigkeitslehre: „Aller Anfang ist leicht", oder auf dem Titelblatt: „Ich kann nur anregen, denken müssen Sie selber" oder an anderer Stelle: „Eine Gleichung, die Sie nur auswendig gelernt haben, aber nicht ableiten können, ist wie eine in Ihrem Gehirn aufgebahrte Leiche". So ist er sicher allen seinen Schülern in Erinnerung geblieben. Er bemühte sich um jeden Studenten, so daß kaum einer den Anschluß verlor. Er förderte, die sich selbst bemühten und aktiv mitarbeiteteten, speziell die Begabten, hielt aber mit seinem kritischen Urteil nicht zurück.

Aber nicht nur als Wissenschaftler und Pädagoge, sondern auch als Mensch war Constantin Weber ein Vorbild. Stets war er hilfsbereit. Er konnte ohne weiteres bescheiden leben und sich auch in einfacher Umgebung wohl fühlen, wie z. B. in einer Skihütte. Er besaß eine ausgezeichnete Beobachtungsgabe, die sich in seinen zahlreichen Briefen widerspiegelt. So befinden sich z. B. im Besitze der Familie Niemann Briefe mit genauen Schilderungen der Vorgänge während der letzten Kriegstage in Dresden; andere Briefe mit kolorierten Zeichnungen enthalten Beschreibungen seiner Beobachtungen und Gedanken.

Seine Arbeiten[1] beziehen sich vornehmlich auf festigkeits- und elastizitätstheoretische Probleme. Stets führte ihn sein großer Ideenreichtum auf neuartige Lösungswege, die sich für die praktische Anwendung eignen und bei ausreichender Genauigkeit relativ schnell zum Ziele führen. Angeregt durch eine Arbeit von Pöschl befaßte er sich mit der Spannungserhöhung in zugbeanspruchten gelochten Blechen [5, 6], ein Problem, auf das er später wieder zurückgeht [27, 52] und das er nochmals in einer Dissertation [Hütter, ZAMM 22, S. 322 bis 335 (1942)] bearbeiten läßt. Ein weiteres Thema betrifft die Biegung, den Schub und die Torsion in prismatischen Stäben [3, 4, 7, 8, 9, 11]. Hierbei definierte Weber den sogen. „Querkraftmittelpunkt" (später auch „Schubmittelpunkt" genannt), der bei torsionsfreier Verformung auf der Wirkungslinie der Querkraft liegt und, wie Weber erstmals nachwies, mit dem bei reiner Torsion sich einstellenden „Querschnittsdrehpunkt" zusammenfällt. Mit der Behandlung dieses Problemkreises stieß Weber in ein Neuland vor, das bis zum damaligen Zeitpunkt kaum Beachtung gefunden hatte, obwohl es mit grundlegenden Fragen der klassischen Festigkeitslehre des geraden Stabes in engem Zusammenhang steht. Durch Webers Wirken im Dresdner Mechanikkolloquium wurde auch der damals ebenfalls in Dresden lehrende Erich Trefftz zu weiteren Untersuchungen ähnlicher Fragen angeregt und entwickelte eine energetische Definition des Querkraftmittelpunktes [ZAMM 15, S. 220—225 (1935)]. Später haben sich viele in- und ausländische Autoren mit diesem Thema beschäftigt. Die Probleme der Drehfestigkeit haben Constantin Weber wiederholt interessiert, insbesondere in einem VDI-Forschungsheft [3], in einem Beitrag zur August-Föppl-Festschrift [8], in zwei weiteren Arbeiten [44, 45] sowie in dem gemeinsam mit W. Günther verfaßten Buche „Torsionstheorie" [50]. Ein anderes Problem ist die approximative Berechnung von Verschiebungen und Spannungen durch Anwendung der beiden Extremalprinzipien der Elastizitätstheorie [15, 22, 31, 32]. Diese Untersuchungen fanden Anwendung auf die Biegung dünnwandiger gekrümmter Rohre in der von Weber angeregten Dissertation von Carl [ZAMM 23, S. 331—345 (1943)]. Zahlreiche weitere Arbeiten Webers behandeln Randwertprobleme der ebenen und räumlichen Elastizitätstheorie [21, 23, 24, 26, 30, 33, 37, 38, 42, 43, 46, 51, 53]. Auch zahlreiche Probleme der Hydromechanik [14, 19, 20], der hydrodynamischen Theorie der Schmiermittelreibung [34, 41, 48] und der angewandten Mathematik [17, 18, 28, 29] hat Weber erfolgreich behandelt. Darüber hinaus galt sein Interesse den gesamten Naturwissenschaften, insbesondere auch der Atomtheorie.

Meinen Kollegen und Freunden Gustav Niemann und Hans Winter (dessen Amtsnachfolger) bin ich für mannigfache Mitteilungen und Hinweise zum Leben und Wirken Constantin Webers zu besonderem Dank verpflichtet.

H. Neuber

Verzeichnis der Veröffentlichungen Constantin Webers

[1—41] in ZAMM 30, S. 230—232 (1950);
[42—53] in ZAMM 45, S. 455 (1965);
[54—55] in ZAMM 55, S. 620 (1975).

Prof. Dr. Constantin Weber 65 Jahre alt

Am 14. August dieses Jahres vollendet Dr.-Ing. Constantin Weber das fünfundsechzigste Lebensjahr. Er wurde 1885 als Sohn eines Arztes in Bärenwalde in Sachsen geboren, verlebte vom zehnten Jahre an seine Jugend in Rußland, größtenteils in Riga, wo sich sein Vater als Lehrer für Sprachen niedergelassen hatte. Dort besuchte er die Real- und die Polytechnische Schule; anschließend studierte er 1906—1911 in Braunschweig Maschinenbau. Nach dem Diplomexamen war er bei verschiedenen Firmen vor allem im Kranbau als Konstrukteur tätig, ging 1926 als Lehrer an die Maschinenbauschule Dortmund und wurde 1928 als o. Professor für Festigkeitslehre an die T. H. Dresden berufen. Seit November 1945 ist er Leiter der theoretischen Abteilung

[1]) Verzeichnis der Veröffentlichungen Constantin Webers am Schlusse dieses Aufsatzes.

des Institutes für Maschinenelemente der T. H. Braunschweig und hat einen Lehrauftrag für Sondergebiete der Mechanik. Weber hat am ersten Weltkrieg teilgenommen und ist schwer verwundet worden.

Weber stand von Anfang an der Zeitschrift für angewandte Mathematik und Mechanik nahe und hat den größten Teil seiner Arbeiten hier veröffentlicht. In den ersten Jahren sandte er vielfach Berichtigungen und weiterführende Bemerkungen zu Arbeiten anderer ein [2, 3, 7, 12, 13][1]). Aber schon der zweite Band bringt einen Aufsatz über die Spannungserhöhung durch kreisrunde Löcher in gezogenen Blechen [6], eine Frage, auf die er später zurückkommt [27] und die er nochmals 1942 in einer Dissertation [Hütter, Z. angew. Math. Mech. 22 (1942), S. 322—335] bearbeiten läßt. Die weiteren Jahrgänge bringen dann den ersten und dritten Teil seiner Dissertation [9, 11], mit der er 1942 in Braunschweig promovierte; sie beschäftigt sich mit der Biegung und dem Schub im geraden Balken und der Übertragung des Drehmomentes im Balken mit doppelflanschigem Querschnitt. Dabei fand er den wichtigen Querkraftmittelpunkt und seine Übereinstimmung mit dem Drehpunkt bei Torsion. Auf die Frage der Drehfestigkeit hatte ihn schon die Untersuchung über die Normalspannungen in Aussteifungsringen von Hochbehältern geführt, ein Problem, das er weiter in einem VDI-Forschungsheft [3] und in einem Beitrag zur Festschrift für August Föppl [8] behandelte. Auf Grund dieser Arbeiten wurde Weber nach Dresden berufen.

Eine andere Frage, die ihn seit etwa 1930 beschäftigte, ist die der Eingrenzungen von Verschiebungen und Spannungen mit Hilfe der beiden Minimalsätze der Elastizitätstheorie [15, 22, 23, 31, 32]. Eine schöne Anwendung dieser Untersuchungen auf die Biegung gekrümmter, dünnwandiger Rohre gibt die von ihm angeregte Dissertation von Carl [Z. angew. Math. Mech. 23 (1943) S. 331—345]. Noch zahlreiche weitere Arbeiten aus dem Gebiet der Festigkeitslehre, z. B. über die Theorie der Härte [16, 35], die der Platten und Scheiben [21, 23, 26, 30] und über andere Fragen [24, 33, 37, 38] sind in unserer Zeitschrift erschienen. Wegen ihrer Anschaulichkeit gibt Weber darin der Anwendung der konformen Abbildungen den Vorzug vor der Benutzung angepaßter Koordinaten. Aus dem gleichen Grunde arbeitet er gern mit der Aufsuchung von Singularitäten. Alle seine Arbeiten zeichnen sich durch systematischen Aufbau aus. Sie gehen meist von der Anschauung aus und suchen rechnerisch gewonnene Ergebnisse wieder zu veranschaulichen. Erfahrung und Sicherheit der Anschauung machen Weber zu einem Meister seines Fachgebietes, aus ihm liegen drei zusammenfassende Darstellungen von Weber vor. Außer einem frühen Werk: „Die Lehre von der Drehfestigkeit" [3] erschienen neuerdings zwei weitere einführende Bändchen: „Festigkeitslehre" [39] und „Schwingungen im Maschinenbau" [40]. Zur Zeit arbeitet er an einem groß angelegten Werk „Elastizitätslehre".

Eine große Zahl von Arbeiten gehen aber weit über sein Fachgebiet hinaus. Er behandelt Fragen der Hydrodynamik [14, 19, 20], insbesondere auch der hydrodynamischen Theorie der Zapfenreibung [34, 41] und der Mathematik, Probleme, in denen die Anschauung eine Rolle spielt [17, 18, 28, 29]; auch physikalischen Fragen bringt er großes Interesse entgegen.

Neben dem Forscher darf der ausgezeichnete Lehrer und der „Studentenvater" nicht vergessen werden. Einen großen Teil seiner Zeit widmete Weber von Anfang an der Beratung und Betreuung der Studierenden. So war es selbstverständlich, daß er im letzten Kriege die Aufrechterhaltung der Verbindung der Hochschule mit den im Felde stehenden Studierenden und den Kriegsgefangenen übernahm. Rund 5000 junger Leute hat er so betreut. Wo er kann, sucht er auch heute junge, interessierte Hörer um sich zu sammeln, um sie zu fördern und zum Denken anzuregen. Zahlreiche Dissertationen sind so durch ihn veranlaßt, die zum großen Teil in dieser Zeitschrift erschienen sind.

Möge Weber seine Arbeitsfreude und seine geistige Spannkraft noch lange erhalten bleiben.

Schrifttumsverzeichnis

[1] Berechnung der Normalspannungen in den Aussteifungsringen von Hochbehältern auf Einzelstützen. Z. VDI 63 (1919), S. 978—933.
[2] Berechnung dünner Platten, mit verschwindender Biegesteifigkeit (Bemerkungen zu einem Aufsatz von Hencky). Z. angew. Math. Mech. 1 (1921), S. 423.
[3] Die Lehre von der Drehfestigkeit. VDI-Forsch.-Heft 249. Berlin 1922.
[4] Drehfestigkeit von Stäben. Z. VDI 66 (1922), S. 764—769.
[5] Über die Spannungserhöhung durch kreisrunde Löcher in einem gezogenen Blech. (Bemerkung zu einem Aufsatz von Pöschl.) Z. angew. Math. Mech. 2 (1922), S. 185—187.
[6] Spannungsverteilung in Blechen mit mehreren kreisrunden Löchern. Z. angew. Math. Mech. 2 (1922), S. 267—273.
[7] Bisherige Lösungen des Torsionsproblemes. Ergänzungen zu einem zusammenfassenden Bericht von Pöschl.) Z. angew. Math. Mech. 2 (1922), S. 299—302.
[8] Der Verdrehungswinkel von Walzeisenträgern. Beiträge zur technischen Mechanik und technischen Physik. (August Föppl zum 70. Geburtstag.) Berlin 1924.
[9] Biegung und Schub in geraden Balken. (Dissertation, erster Abschnitt.) Z. angew. Math. Mech. 4 (1924), S. 334—348.
[10] Achsensymmetrische Deformation von Umdrehungskörpern. (Bemerkung zu einem Aufsatz von Timpe.) Z. angew. Math. Mech. 5 (1925), S. 466—468.
[11] Übertragung des Drehmomentes in Balken mit doppelflanschigem Querschnitt. (Dissertation, dritter Abschnitt.) Z. angew. Math. Mech. 6 (1926), S. 85—97.
[12] Beiträge zur Lösung des ebenen Problems eines elastischen Körpers. (Bemerkungen zu einer Arbeit von Riedel.) Z. angew. Math. Mech. 8 (1928), S. 159—160.
[13] Zur Theorie der zylindrischen Schalen und Bogenträger. (Bemerkung zur Zuschrift Meißner zur Arbeit Pöschl.) Z. angew. Math. Mech. 8 (1928), S. 160.
[14] Zum Zerfall eines Flüssigkeitsstrahles. Z. angew. Math. Mech. 11 (1931) S. 136—154.
[15] Bestimmung des Steifigkeitswertes von Körpern durch zwei Näherungsverfahren. Z. angew. Math. Mech. 11 (1931), S. 244—245.
[16] Beitrag zur Berührung gewölbter Oberflächen beim ebenen Formänderungszustand. Z. angew. Math. Mech. 11 (1931). S. 426 (Vortrag Bad Elster) und Z. angew. Math. Mech. 13 (1933), S. 11—16.
[17] Lösung einer topologischen Aufgabe. Jahresber. Dtsch. Math.-Ver. 42 (1933), II, S. 3—6.
[18] Die beiden Dodekaederräume (mit H. Seiffert). Math. Z. 37 (1933), S. 237—253.
[19] Theoretischer Ansatz für die Schulerschen Umschlagwellen. (Vortrag Stuttgart.) Z. angew. Math. Mech. 15 (1935), S. 379—380.
[20] Kanalwellen geringer Wellenhöhe. (Vortrag Stuttgart.) Z. angew. Math. Mech. 15 (1935), S. 380.
[21] Streifen mit Einzellast. (Vortrag Dresden.) Z. angew. Math. Mech. 16 (1936), S. 372—375.
[22] Veranschaulichung und Anwendung der Minimalsätze der Elastizitätstheorie. (Vortrag Göttingen.) Z. angew. Math. Mech. 18 (1938), S. 375—379.
[23] Über einige ebene Randwertprobleme der Elastizitätstheorie. (Bemerkung zu einem Aufsatz von Weinel.) Z. angew. Math. Mech. 18 (1938), S. 150.
[24] Zur Umwandlung von rotationssymmetrischen Problemen in zweidimensionale und umgekehrt. Z. angew. Math. Mech. 20 (1940), S. 117—118.
[25] Über die Minimalsätze der Elastizitätstheorie. Z. angew. Math. Mech. 21 (1941), S. 32—42.
[26] Halbebene mit Kreisbogenkerbe. Z. angew. Math. Mech. 20 (1940), S. 262—270; Z. angew. Math. Mech. 21 (1941), S. 230 bis 232.
[27] Zur Spannungserhöhung bei gelochten gezogenen Streifen. Z. angew. Math. Mech. 21 (1941), S. 252.

[1]) Eckige Klammern beziehen sich auf das Schrifttumsverzeichnis am Ende des Artikels.

[28] Potenzreihenzerlegung von tg x und ctg x. Z. angew. Math. Mech. 21 (1941), S. 252—253.
[29] Über genäherte Lösungen von Differentialgleichungen mit Hilfe von Minimalansätzen. Z. angew. Math. Mech. 21 (1941), S. 310—311.
[30] Halbebene mit periodisch gewelltem Rand. Z. angew. Math. Mech. 22 (1942), S. 29—33.
[31] Eingrenzung von Verschiebungen mit Hilfe der Minimalansätze. Z. angew. Math. Mech. 22 (1942), S. 126—130.
[32] Eingrenzung von Verschiebungen und Zerrungen mit Hilfe der Minimalansätze. Z. angew. Math. Mech. 22 (1942), S. 130 bis 136.
[33] Halbraum mit Halbkugelbelastung. Z. angew. Math. Mech. 22 (1942), S. 318—321.
[34] G. Niemann: Schneckengetriebe mit flüssiger Reibung, mit einem Anhang von C. Weber: Mathematische Ableitungen. VDI-Forsch.-Heft 412. Berlin 1942.
[35] Die Hertzsche Gleichung für elliptische Druckflächen. Z. angew. Math. Mech. 28 (1948), S. 94—95.
[36] Zur nichtlinearen Elastizitätstheorie. Z. angew. Math. Mech. 28 (1948), S. 189—190.
[37] Spannungsfunktionen des dreidimensionalen Kontinuums. Z. angew. Math. Mech. (1948), S. 193—197.
[38] Zwei Probleme mit gleicher Lösung. Z. angew. Math. Mech. (1948), S. 371—373.
[39] Festigkeitslehre. Wolfenbütteler Verlagsanstalt G. m. b. H. 1947.
[40] Schwingungen im Maschinenbau. Wissenschaftliche Verlagsanstalt 1950. (Im Druck.)
[41] Zur hydrodynamischen Theorie des Zapfenlagers. Z. angew. Math. Mech. 30 (1950), S. 112—120.

Dresden Willers

Prof. Dr.-Ing. Dr.-Ing. E. h. Constantin Weber 80 Jahre alt

Am 14. August 1965 konnte Professor Dr.-Ing. Dr.-Ing. E. h. CONSTANTIN WEBER in bemerkenswerter Rüstigkeit und geistiger Frische seinen 80. Geburtstag begehen. Aus Anlaß seines 65. Geburtstages hat im Jahre 1950 Prof. Dr. FR. A. WILLERS als damaliger Herausgeber der ZAMM den Lebenslauf des Jubilars ausführlich dargestellt und sein bis dahin vorliegendes wissenschaftliches Werk gewürdigt [ZAMM 30, S. 230—232 (1950)]. Was damals an anerkennenden Worten über ihn als Lehrer, Forscher und Mensch gesagt werden konnte, hat bis zum heutigen Tage Gültigkeit. CONSTANTIN WEBER, dem damals die Technische Hochschule Braunschweig die Ehrendoktorwürde verliehen hat, ist in den Jahren seither weiterhin unermüdlich tätig gewesen. Davon zeugen schon seine Arbeiten, die er inzwischen veröffentlicht hat und die anschließend in Fortsetzung der Liste von 1950 aufgezählt sind. Unter ihnen sei das Buch „Torsionstheorie", das er zusammen mit W. GÜNTHER verfaßt hat, besonders hervorgehoben. Auch sein Beitrag, der in das vorliegende ZAMM-Heft aufgenommen werden konnte, beweist seine ungebrochene Schaffenskraft.

Für den Außenstehenden weniger sichtbar ist der Erfolg seiner Wirksamkeit als Mitglied des Herausgebergremiums der ZAMM. Der Unterzeichnete ist dem Jubilar für seine unermüdliche Hilfsbereitschaft, für seine immer gewährte Unterstützung, für seine wertvollen Ratschläge, die die Tätigkeit des Herausgebers oft wesentlich erleichtert haben, und für die damit bekundete unvermindert weiter bestehende Verbundenheit mit der ZAMM außerordentlich und von ganzem Herzen dankbar.

Mögen CONSTANTIN WEBER noch viele Jahre erfolgreichen Schaffens bei guter Gesundheit beschieden sein.

Dresden H. HEINRICH

Schriftenverzeichnis seit 1950

In der ZAMM 30. S. 231—232 (1950), sind Veröffentlichungen unter den Nummern 1 bis 41 angegeben.

[42] Allseitig gezogene Ebene mit Zweibogenloch, ZAMM 31, S. 193—201 (1951).
[43] Kugel mit normalgerichteten Einzelkräften, ZAMM 32, S. 186—195 (1952).
[44] Spiegelung beim Torsionsproblem, ZAMM 32, S. 265 (1952).
[45] Verhinderte Torsionswölbung, ZAMM 32, S. 305—307 (1952).
[46] Pyramide mit Spitzenlast, Wiss. Z. d. TH Dresden 2, Heft 3 (Festschrift zum 70. Geburtstag von F. A. Willers), S. 457 bis 460 (1952/53)
[47] Ein Irrtum in der Raumstatik, ZAMM 33, S. 430—431 (1953)
[48] Mit K. SAALFELD: Schmierfilm bei Walzen mit Verformung, ZAMM 34, S. 54—64 (1954).
[49] Über die mittragende Wirkung einer zweimal gewellten Stahlplatte, Der Bauingenieur 1953, H. 4/5.
[50] Mit W. GÜNTHER: „Torsionstheorie", 306 S. m. 160 Abb. Braunschweig und Berlin 1958.
[51] Halbebene mit periodisch gewelltem Rand und periodischen Einzelkräften und Momenten, ZAMM 40, S. 14—21 (1960, Willers-Gedenkheft).
[52] Unendliche Scheiben mit Loch, ZAMM 42, S. 517—522 (1962).
[53] Innendecken bei Scheiben ohne und mit Abrundungen, ZAMM 45, S. 373—382 (1965).

Prof. Dr.-Ing. Dr.-Ing. E. h. Constantin Weber 90 Jahre alt

Die Zeitschrift für Angewandte Mathematik und Mechanik hat die große Freude, Herrn Professor Dr.-Ing. Dr.-Ing. E. h. CONSTANTIN WEBER als dem ältesten Mitglied ihres Herausgebergremiums und gleichzeitig ihrem ältesten Autor, der seit Gründung der Zeitschrift im Jahre 1921 den größten Teil seiner zahlreichen wissenschaftlichen Arbeiten in ihr veröffentlicht hat, zu dem seltenen Ereignis der Vollendung des neunzigsten Lebensjahres die herzlichsten Glückwünsche übermitteln zu können. Aus Anlaß des 65. Geburtstages des Jubilars hat der damalige Herausgeber der ZAMM, F. A. WILLERS, der mit ihm aufs engste freundschaftlich verbunden war, in der ZAMM 30, S. 230 bis 232 (1950) seinen Lebenslauf geschildert und seine hohen Verdienste um die Technische Mechanik gewürdigt. Das diesem Artikel beigefügte Verzeichnis der bis dahin von C. WEBER veröffentlichten Arbeiten weist 41 Titel auf. Davon sind 32 in der ZAMM erschienen, eine sogleich im ersten, drei im zweiten Band. Im Jahre 1965 konnte ich, nachdem ich Anfang 1959 nach dem Tode von F. A. WILLERS die Herausgeberschaft der ZAMM übernommen hatte, aus Anlaß des 80. Geburtstages CONSTANTIN WEBERS in den ihm gewidmeten Zeilen in der ZAMM 45, S. 455 (1965) sein Schriftenverzeichnis um weitere 12 Titel, von denen wiederum neun in der ZAMM erschienen waren, ergänzen. Auch in den beiden ersten Jahren danach hat der Jubilar trotz seines bereits hohen Alters noch zwei Arbeiten in der ZAMM veröffentlicht:

[54] Vollebene mit kreisförmigem Einschluß. ZAMM 46, S. 247 (1966).
[55] Zur punktweisen Berechnung von Scheiben und Platten. ZAMM 47, S. 199—200 (1967).

Bei dieser engen Verbundenheit mit der ZAMM nimmt es nicht wunder, daß CONSTANTIN WEBER bereits seit 1937 als einer der Mitwirkenden bei der Herausgabe der ZAMM namentlich aufgeführt ist und er bis zum heutigen Tage dem Herausgebergremium angehört. Wenn er Ende dieses Jahres auf seinen eigenen, mehrmals geäußerten Wunsch hin aus diesem Kreis ausscheidet, so wird sich die ZAMM doch auch weiterhin mit ihm eng verbunden fühlen. Ich selbst kann ihm immer nur wieder meine tiefe Verehrung entgegenbringen und ihm meine Dankbarkeit dafür ausdrücken, daß er auch mir in den vielen Jahren meiner Herausgebertätigkeit stets mit Rat und Tat zur Seite gestanden hat. Ich bin sicher, daß er den ihm auch weiterhin regelmäßig zugehenden Heften der ZAMM wie bisher das größte Interesse entgegenbringen wird. Zusammen mit dem jetzigen Herausgeber der ZAMM, Herrn Prof. Dr. Günter Schmidt, wünsche ich ihm alles Gute für seinen weiteren Lebensabend.

H. HEINRICH

ZAMM 57, 137 – 152 (1977)

L. Lilov / J. Wittenburg

Bewegungsgleichungen für Systeme starrer Körper mit Gelenken beliebiger Eigenschaften

Eine beliebige Anzahl starrer Körper ist durch Gelenke mit beliebigen (holonomen, nichtholonomen, skleronomen, rheonomen) Bindungen zu einem System ohne geschlossene kinematische Ketten verbunden. Aus dem d'Alembertschen Prinzip werden die Differentialgleichungen der Bewegung für beliebig wählbare generalisierte Koordinaten entwickelt.

An arbitrary number of rigid bodies interconnected by joints with arbitrary (holonomic, nonholonomic, scleronomic, rheonomic) constraints is forming a system without closed kinematic chains. Starting from d'Alembert's principle differential equations of motion are developed for arbitrarily selected generalized coordinates.

Произвольное число абсолютно твердых тел соединены сочленениями с произвольными (голономными, неголономными, склерономными, реономными) связями в систему, которая не содержит замкнутых кинематических цепей. С помощью принципа Даламбера выводятся уравнения движения в произвольно выбранных обобщенных координатах.

1. Einleitung

Systeme gelenkig miteinander verbundener starrer Körper wurden zuerst von Fischer [1] und — ohne Kenntnis dieser Arbeit — von Hooker/Margoulis [2] und Roberson/Wittenburg [3] untersucht. In allen drei Arbeiten wurden von den Systemen folgende Eigenschaften gefordert:

(a) Das System muß die Struktur eines Baumes — auch offene Kette genannt — haben.

(b) In jedem Gelenk muß es wenigstens einen Punkt geben, der auf den beiden durch das Gelenk verbundenen Nachbarkörpern fest ist. Diese Bedingung ist nur bei Kugel-, Kreuz- und Drehgelenken erfüllt.

Die Behandlung der kinematischen Bindungen in Kreuz- und Drehgelenken wurde zudem nicht systematisch untersucht, so daß im wesentlichen nur Kugelgelenke betrachtet wurden. Erst in der Arbeit [4] hat Hooker gezeigt, wie sie zu behandeln sind. Die Arbeiten [1, 2, 3] unterscheiden sich wesentlich voneinander in den mathematischen Methoden der Entwicklung von Bewegungsgleichungen. Fischer wählt als generalisierte Koordinaten für jeden Körper des Systems drei Eulerwinkel, formuliert die kinetische Energie und ermittelt durch Differentiationen alle Glieder, die sie zu den Lagrangeschen Gleichungen beiträgt. Sie sind so kompliziert, daß der Autor sie aus Platzmangel nur für ein Zwei-Körper-System ausführlich angibt. Die Verallgemeinerung für beliebig viele Körper wird in Worten eindeutig geschildert. Die Gleichungen werden zur Untersuchung der als eben vorausgesetzten Gehbewegung des menschlichen Körpers benutzt. Sowohl Hooker und Margoulis als auch Roberson und Wittenburg wenden auf alle Gelenke des n-Körper-Systems das Schnittprinzip an und formulieren für die einzelnen Körper das Newtonsche Gesetz und den Drallsatz — insgesamt $2n$ vektorielle Gleichungen. Bei ihrer Zusammenfassung werden die Bindungskräfte in den Gelenken eliminiert. Das Ergebnis sind Bewegungsgleichungen, in denen als Variable die absoluten Winkelgeschwindigkeiten der Körper auftreten. In [3] werden Methoden der Graphentheorie und die Matrizenschreibweise eingesetzt, was die Entwicklung der Gleichungen besonders übersichtlich macht.

Arbeiten von Roberson [5] und Wittenburg [6] enthalten Ansätze zur Aufstellung nichtlinearer Bewegungsgleichungen für Systeme, die die Bedingung (b) verletzen. In den Gelenken dürfen nun beliebige holonom-skleronome Bindungen vorhanden sein. Ossenberg-Franzes [7] und Boland/Samin/Willems [8] lockern die Bedingung (b) in derselben Weise und darüber hinaus auch die Bedingung (a), stellen jedoch nur linearisierte Bewegungsgleichungen auf. In [7] dürfen die Systeme geschlossene Ketten enthalten. In jeder geschlossenen Kette muß aber wenigstens ein Gelenk vorhanden sein, das nicht Kugel-, Kreuz- oder Drehgelenk ist. In [8] dürfen die Systeme geschlossene Ketten mit beliebigen holonom-skleronomen Bindungen in den Gelenken enthalten. Die Körper müssen linear elastisch sein. In beiden Arbeiten werden Gelenke in der Weise aufgeschnitten, daß ein System mit Baumstruktur entsteht. Die Bewegungsgleichungen dieses Systems enthalten als Lagrangesche Multiplikatoren Kräfte, die von den kinematischen Bindungen der aufgeschnittenen Gelenke verursacht werden. Im Rahmen der linearisierten Theorie lassen sie sich eliminieren, so daß Differentialgleichungen der Bewegung ohne zusätzliche Bindungsgleichungen zu gewinnen sind. In der Arbeit von Wittenburg [9] über den Stoß auf Vielkörpersysteme sind die Bedingung (a) ersatzlos gestrichen und die Bedingung (b) so abgeschwächt wie in [5] und [6]. In den Veröffentlichungen [5, 6, 7, 9] wird das Schnittprinzip angewendet. Die linearisierten Gleichungen in [8] werden mit Hilfe des d'Alembertschen Prinzips gewonnen.

In der vorliegenden Arbeit werden nichtlineare Bewegungsgleichungen für Systeme starrer Körper aufgestellt, in denen die Bedingung (b) ersatzlos gestrichen wird. In den Gelenken dürfen beliebige holonome, nichtholonome, skleronome und rheonome Bindungen vorhanden sein. Kinematische Bindungen werden als ideal vorausgesetzt. Der Begriff Gelenk wird sehr allgemein definiert. Von einem Gelenk ist die Rede, wenn zwei Körper mit Kräften oder Momenten *unmittelbar* aufeinander wirken. Das kann mit oder ohne kinematische

Bindungen ihrer Relativbewegung und sogar berührungsfrei der Fall sein (Beispiele: Schraubgelenk bzw. Federkopplung bzw. Wechselwirkung durch magnetische Anziehungskräfte). Zwischen zwei Körpern gibt es nicht mehr als ein Gelenk. Andererseits verbindet ein Gelenk nur zwei Körper. Zwei durch ein Gelenk verbundene Körper heißen Nachbarkörper. Die Bedingung (a) wird wie folgt abgeschwächt. Das System muß so beschaffen sein, daß man durch das Aufschneiden von Gelenken ohne kinematische Bindungen ein zusammenhängendes System mit Baumstruktur erzeugen kann. Wenn die Bedingung erfüllt ist, kann man i. a. zwischen verschiedenen Gelenken zum Aufschneiden wählen. Eine beliebige Wahl wird getroffen. Das zugehörige zusammenhängende System mit Baumstruktur wird das aufgeschnittene System genannt. Mit Mitteln der Graphentheorie läßt sich zeigen, daß die Anzahl der Gelenke, die man schneiden muß, durch die Struktur des Systems eindeutig bestimmt ist. Die Zahl wird $\hat{n}$ genannt. Bei den ausgezeichneten Systemen, die die Bedingung (a) erfüllen, ist $\hat{n} = 0$. Abb. 1 zeigt ein System, das die abgeschwächte Bedingung erfüllt. Bei ihm ist $\hat{n} = 2$. Unter drei Möglichkeiten, Schnitte zu legen, wird eine beliebige gewählt. Dabei ergibt sich das aufgeschnittene System von Abb. 2. Die geschnittenen Gelenke sind gestrichelt angedeutet (man ignoriere vorläufig die Numerierungen von Körpern und Gelenken).

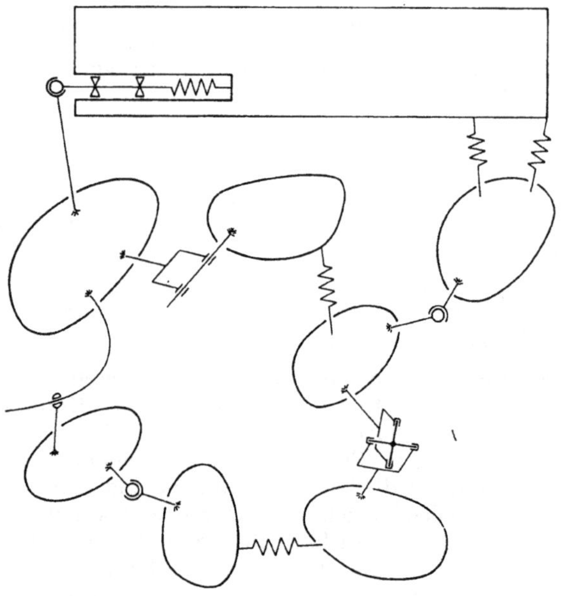

Abb. 1. Ein Vielkörpersystem mit zulässigen geschlossenen Ketten

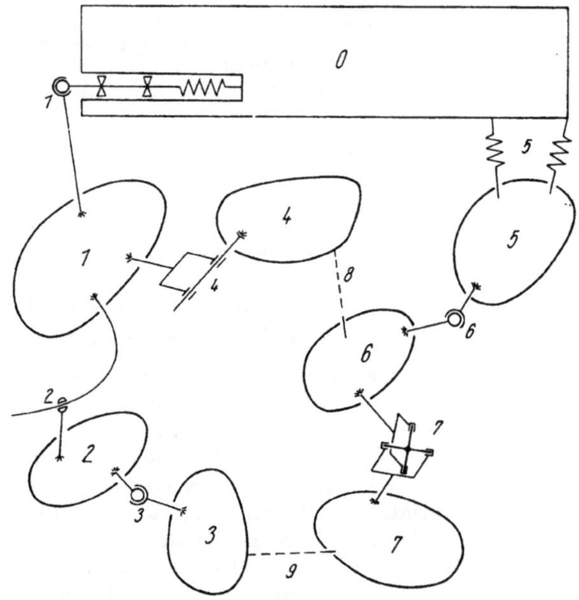

Abb. 2. Das aufgeschnittene System zu Abb. 1 mit einer regulären Numerierung der Körper und Gelenke. Die Gelenke Nr. 8 und 9 sind aufgeschnitten

Die genannte Lockerung der Bedingung (a) ist schwächer als bei OSSENBERG-FRANZES [7] und BOLAND/SAMIN/WILLEMS [8]. Das hat folgenden Grund. Wenn man auch in den aufgeschnittenen Gelenken holonome kinematische Bindungen zuläßt, dann stehen, wie in [7] und [8], in den Bewegungsgleichungen des aufgeschnittenen Systems zugehörige LAGRANGEsche Multiplikatoren. Sie können nicht eliminiert werden, wenn die Bewegungsgleichungen und die zusätzlichen Bindungsgleichungen nichtlinear formuliert sind. Das Ziel dieser Arbeit, nämlich nichtlineare Bewegungsgleichungen ohne zusätzliche Bindungsgleichungen, ist dann also nicht erreichbar.

Die Bewegungsgleichungen werden aus dem D'ALEMBERTschen Prinzip entwickelt. Das bietet zwei Vorteile. Erstens kann man unmittelbar mit dem in der Starrkörpermechanik nützlichen Begriff des Winkelgeschwindigkeitsvektors arbeiten, während man bei der Anwendung der LAGRANGEschen Gleichungen von Anfang an generalisierte Koordinaten benötigt. Zweitens braucht man keine von kinematischen Bindungen herrührenden inneren Kräfte und Momente zu betrachten, wie es bei der Anwendung des Schnittprinzips nötig ist. Für beliebige generalisierte Koordinaten gelangt man zu direkt anwendbaren und physikalisch gut interpretierbaren Bewegungsgleichungen.

In [2—8] wurden Probleme der Raumfahrtmechanik und deshalb nur sogenannte ungefesselte Systeme untersucht. Sie sind keinen äußeren Bindungen unterworfen. Im Gegensatz dazu werden in der vorliegenden Arbeit gefesselte Systeme beschrieben. Bei ihnen ist die Lage eines (und nur eines) Körpers im Inertialraum als Funktion der Zeit vorgeschrieben. In Abb. 2 soll es der Körper Nr. 0 sein. Gefesselte Systeme trifft man in der Praxis häufiger an als ungefesselte. Zudem sind ungefesselte Systeme als Sonderfall in der Betrachtung enthalten. Man braucht nur für alle Gelenke auf dem Körper Nr. 0 die Eigenschaft vorzuschreiben, daß in ihnen keine inneren Kräfte und Momente wirken. Dann ist das System der übrigen Körper ungefesselt (FISCHER [1] hat ungefesselte und gefesselte Systeme getrennt untersucht. WITTENBURG [10] hat die Gleichungen gefesselter Systeme als Sonderfall der Gleichungen ungefesselter Systeme dargestellt). Die Gleichungen werden unter

Einsatz graphentheoretischer Hilfsmittel in symbolischer Schreibweise durch Matrizen, Vektoren und Dyaden ausgedrückt. Zur Unterscheidung der Symbole dienen folgende Vereinbarungen. Vektoren werden durch halbfett-kursiven Druck ($\boldsymbol{r}$) und Dyaden durch Frakturbuchstaben ($\mathfrak{E}$) bezeichnet. Unterstrichene Größen sind Matrizen. Die Elemente einer Matrix können Skalare, Vektoren oder Dyaden sein. Dementsprechend ist das unterstrichene Symbol entweder kursiv ($\underline{A}$) oder halbfett-kursiv ($\underline{\boldsymbol{C}}$) oder in Fraktur ($\underline{\mathfrak{J}}$) gedruckt. Die Transponierte einer Matrix $\underline{A}$ heißt $\underline{A}^T$. Seien $a_1, \dots, a_n$ n Größen beliebiger Art (Skalare, Vektoren, Dyaden oder Matrizen derartiger Größen). Dann wird unter diag a eine quasi-diagonale Matrix verstanden, auf deren Hauptdiagonale die Größen $a_1, \dots, a_n$ stehen, während alle anderen Elemente Null sind. Zwei Beispiele: Wenn $c_1, \dots, c_n$ Skalare sind, dann ist diag c die $(n \times n)$-Diagonalmatrix dieser Skalare. Wenn $\underline{\boldsymbol{p}}_a$ $(a = 1, \dots, n)$ die Spaltenmatrix $[\boldsymbol{p}_{a1}\, \boldsymbol{p}_{a2}\, \boldsymbol{p}_{a3}]^T$ dreier Vektoren ist, dann ist diag $\underline{\boldsymbol{p}}$ eine $(3n \times n)$-Matrix, die in $n \times n$ dreizeilige Spaltenmatrizen gegliedert ist. Entlang ihrer Hauptdiagonale stehen die Untermatrizen $\underline{\boldsymbol{p}}_1, \dots, \underline{\boldsymbol{p}}_n$. Die Transponierte von diag $\underline{\boldsymbol{p}}$ ist diag $\underline{\boldsymbol{p}}^T$.

2. Kinematik der Relativbewegung benachbarter Körper

In einem System mit Baumstruktur kann man sich von einem beliebigen Körper zu einem beliebigen anderen Körper so entlang einer Folge von Körpern und Gelenken begeben, daß kein Gelenk mehr als einmal überschritten wird. Der nach dieser Vorschrift festgelegte Weg durch das System heißt der direkte Weg von dem einen zu dem anderen Körper.

Der Körper, dessen Bewegung als Funktion der Zeit vorgegeben ist, erhält die Nummer Null. Die übrigen Körper, deren Anzahl mit n bezeichnet wird, werden so von 1 bis n numeriert, daß im aufgeschnittenen System entlang jedem vom Körper Nr. 0 ausgehenden direkten Weg die Nummern eine monoton wachsende Folge bilden. Das ist stets möglich, i. a. sogar auf verschiedene Weisen. Bei mehreren möglichen Numerierungen wird eine beliebige gewählt. Das aufgeschnittene System mit insgesamt $n + 1$ Körpern hat n Gelenke. Sie werden so von 1 bis n numeriert, daß das Gelenk Nr. a $(a = 1, \dots, n)$ erstens auf dem Körper mit derselben Nummer und zweitens auf dem direkten Weg von Körper Nr. 0 zu diesem Körper liegt (diese sog. reguläre Numerierung der Körper und Gelenke bietet einige besondere Vorteile. Sie ist aber nicht notwendig. Man kann die Körper und Gelenke Nr. 1 bis n auch in beliebiger Reihenfolge numerieren). Die $\hat{n}$ aufgeschnittenen Gelenke erhalten in beliebiger Reihenfolge die Nummern $n + 1$ bis $n + \hat{n}$. In Abb. 2 sind die Körper und Gelenke nach der angegebenen Vorschrift numeriert. Um die Numerierungen von Körpern und Gelenken unterscheiden zu können, werden im folgenden Körper mit den Indizes i, j und k und Gelenke mit den Indizes a, b und c bezeichnet.

Die Lage, Geschwindigkeit und Beschleunigung aller Körper im Inertialraum sind bekannt, wenn für die Gelenke Nr. 1 bis n des Systems die Lage, Geschwindigkeit und Beschleunigung der Nachbarkörper am Gelenk relativ zueinander bekannt sind. Zur Vorzeichenvereinbarung für die Relativbewegung zweier Nachbarkörper gehört die Entscheidung, welcher Nachbarkörper als Bezugssystem und welcher als relativ zum Bezugssystem bewegt angesehen werden soll. Diese Entscheidung hat keinen Einfluß auf die Form der zu entwickelnden, allgemeingültigen Gleichungen. Sie hat aber wesentliche Konsequenzen für den Rechenaufwand bei der Anwendung der Gleichungen auf Systeme mit bestimmten Gelenkeigenschaften. Daher wird sie dem Benutzer der Gleichungen überlassen. Sobald sie für die Gelenke Nr. 1 bis n eines Systems getroffen ist, sind zwei Funktionen $i^+(a)$ und $i^-(a)$ für die Argumentwerte $a = 1, \dots, n$ eindeutig definiert. Unter $i^+(a)$ wird der Index desjenigen Nachbarkörpers am Gelenk Nr. a verstanden, der als Bezugssystem dient und unter $i^-(a)$ der Index des anderen Nachbarkörpers.

Die Bewegung des Körpers Nr. $i^-(a)$ relativ zum Körper Nr. $i^+(a)$ wird als Überlagerung einer Translation und einer Rotation dargestellt. Zu diesem Zweck wird der sogenannte Gelenkvektor $\boldsymbol{z}_a$ eingeführt. Er weist von einem auf dem Körper Nr. $i^+(a)$ festen Punkt zu einem auf dem Körper Nr. $i^-(a)$ festen Punkt (Abb. 3). In der Wahl dieser sogenannten Gelenkpunkte ist man im Prinzip frei. Bei bestimmten Gelenkformen bieten sich i. a. ausgezeichnete Punkte als besonders geeignet an. Zu verschiedenen Gelenken auf ein und demselben

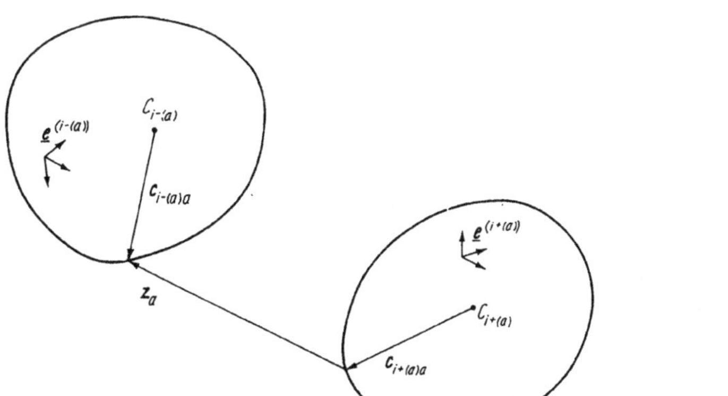

Abb. 3. Zur Definition der Gelenkpunkte und des Gelenkvektors $\boldsymbol{z}_a$

Körper gehören infolgedessen verschiedene körperfeste Gelenkpunkte. Ihre Lage auf dem Körper wird durch die körperfesten Vektoren $\boldsymbol{c}_{ia}$ angegeben, die vom Massenmittelpunkt des Körpers Nr. i zum Gelenkpunkt auf diesem Körper für das Gelenk Nr. a weisen. Vektoren $\boldsymbol{c}_{ia}$ sind nur für solche Indexkombinationen i, a definiert, für die entweder $i = i^+(a)$ oder $i = i^-(a)$ ist. Mit dem Körper Nr. i ($i = 0, \dots, n$) wird eine Vektorbasis fest verbunden. Sie ist ein rechtshändiges, orthogonales Tripel von Einheitsvektoren $e_1^{(i)}$, $e_2^{(i)}$ und $e_3^{(i)}$. Sie wird kurz $\underline{e}^{(i)}$ genannt, wobei dieses Symbol $\underline{e}^{(i)}$ auch die Spaltenmatrix der drei Einheitsvektoren ist. Die Lage des Körpers Nr. $i^-(a)$ relativ zum Körper Nr. $i^+(a)$ wird durch $\boldsymbol{z}_a$ und durch die Koordinatentransformationsmatrix $\underline{G}_a$ mit der Definitionsgleichung

$$\underline{e}^{(i^-(a))} = \underline{G}_a \underline{e}^{(i^+(a))}, \qquad a = 1, \dots, n \tag{1}$$

beschrieben. Zur Kennzeichnung der Relativbewegung dienen die relative Translationsgeschwindigkeit $\mathring{\boldsymbol{z}}_a$ und Translationsbeschleunigung $\mathring{\mathring{\boldsymbol{z}}}_a$ und die relative Winkelgeschwindigkeit $\boldsymbol{\Omega}_a$ und Winkelbeschleunigung $\mathring{\boldsymbol{\Omega}}_a$. Die Vektoren $\mathring{\boldsymbol{z}}_a$, $\mathring{\mathring{\boldsymbol{z}}}_a$ und $\mathring{\boldsymbol{\Omega}}_a$ sind als zeitliche Ableitungen von $\boldsymbol{z}_a$ bzw. $\boldsymbol{\Omega}_a$ in der Basis $\underline{e}^{(i^+(a))}$ definiert. Die zeitliche Ableitung von $\boldsymbol{\Omega}_a$ in $\underline{e}^{(i^-(a))}$ ist ebenfalls $\mathring{\boldsymbol{\Omega}}_a$. In den Gelenken Nr. 1 bis n werden zunächst beliebige (skleronome und rheonome) holonome Bindungen zugelassen. Nichtholonome Bindungen werden erst später eingeführt. Im Gelenk Nr. a ($a = 1, \dots, n$) seien $1 \leq n_a \leq 6$ Freiheitsgrade der Bewegung der Nachbarkörper relativ zueinander vorhanden. Zur Beschreibung der Relativbewegung werden n_a generalisierte Koordinaten $q_{a1}, \dots, q_{an_a}$ beliebig gewählt. Sie und ihre Ableitungen nach der Zeit bilden die Spaltenmatrizen $\underline{q}_a = [q_{a1} \cdots q_{an_a}]^T$, $\dot{\underline{q}}_a = [\dot{q}_{a1} \cdots \dot{q}_{an_a}]^T$ und $\ddot{\underline{q}}_a = [\ddot{q}_{a1} \cdots \ddot{q}_{an_a}]^T$. Die Elemente der Transformationsmatrix $\underline{G}_a$ und die Koordinaten der Vektoren $\boldsymbol{z}_a$, $\mathring{\boldsymbol{z}}_a$, $\mathring{\mathring{\boldsymbol{z}}}_a$, $\boldsymbol{\Omega}_a$ und $\mathring{\boldsymbol{\Omega}}_a$ in den Basen $\underline{e}^{(i^+(a))}$ und $\underline{e}^{(i^-(a))}$ sind explizit als Funktionen dieser Größen und — bei rheonomen Bindungen — auch der Zeit darstellbar. Die Elemente von $\underline{G}_a$ und die Koordinaten von $\boldsymbol{z}_a$ in $\underline{e}^{(i^+(a))}$ sind nur von $\underline{q}_a$ und t explizit abhängig. Für $\mathring{\boldsymbol{z}}_a$ und $\mathring{\mathring{\boldsymbol{z}}}_a$ werden die Schreibweisen

$$\left.\begin{aligned} \mathring{\boldsymbol{z}}_a &= \underline{\boldsymbol{z}}_a'^T \dot{\underline{q}}_a + \partial \boldsymbol{z}_a/\partial t\,, \\ \mathring{\mathring{\boldsymbol{z}}}_a &= \underline{\boldsymbol{z}}_a'^T \ddot{\underline{q}}_a + \dot{\underline{q}}_a^T \underline{\boldsymbol{z}}_a'' \dot{\underline{q}}_a + 2\left(\frac{\partial \underline{\boldsymbol{z}}_a'}{\partial t}\right)^T \dot{\underline{q}}_a + \partial^2 \boldsymbol{z}_a/\partial t^2 \end{aligned}\right\} a = 1, \dots, n\,, \tag{2, 3}$$

eingeführt. Darin ist $\underline{\boldsymbol{z}}_a'$ die n_a-zeilige, vektorielle Spaltenmatrix mit den Elementen

$$(\underline{\boldsymbol{z}}_a')_i = \frac{\partial \boldsymbol{z}_a}{\partial q_{ai}}, \qquad i = 1, \dots, n_a\,.$$

Unter $\partial \underline{\boldsymbol{z}}_a'/\partial t$ ist eine Spaltenmatrix zu verstehen, deren Elemente die partiellen Ableitungen der Elemente von $\underline{\boldsymbol{z}}_a'$ nach t sind, und $\underline{\boldsymbol{z}}_a''$ ist die vektorielle $(n_a \times n_a)$-Matrix mit den Elementen

$$(\underline{\boldsymbol{z}}_a'')_{ij} = \frac{\partial^2 \boldsymbol{z}_a}{\partial q_{ai}\, \partial q_{aj}}, \qquad i, j = 1, \dots, n_a\,.$$

Die Koordinaten der Vektoren dieser Matrizen in der Basis $\underline{e}^{(i^+(a))}$ sind bekannte Funktionen der generalisierten Koordinaten $\underline{q}_a$ und der Zeit. Bei einem skleronomen System ist die relative Winkelgeschwindigkeit des Körpers Nr. $i^-(a)$ eine Linearkombination der generalisierten Geschwindigkeiten $\dot{\underline{q}}_a$. Sie läßt sich in der Form $\underline{\boldsymbol{p}}_a^T \dot{\underline{q}}_a$ schreiben, wobei die Elemente der n_a-zeiligen, vektoriellen Spaltenmatrix $\underline{\boldsymbol{p}}_a = [\boldsymbol{p}_{a1} \cdots \boldsymbol{p}_{an_a}]^T$ nur von den generalisierten Koordinaten $\underline{q}_a$ abhängen. Wenn das System rheonom ist, hängt $\underline{\boldsymbol{p}}_a$ i. a. auch von der Zeit explizit ab. Außerdem ist ein Glied $\boldsymbol{k}_a$ hinzuzufügen, daß nur von $\underline{q}_a$ und t explizit abhängt. Damit ist

$$\boldsymbol{\Omega}_a = \underline{\boldsymbol{p}}_a^T \dot{\underline{q}}_a + \boldsymbol{k}_a\,, \qquad a = 1, \dots, n\,. \tag{4}$$

Für die relative Winkelbeschleunigung erhält man daraus die Beziehung

$$\mathring{\boldsymbol{\Omega}}_a = \underline{\boldsymbol{p}}_a^T \ddot{\underline{q}}_a + \dot{\underline{q}}_a^T \underline{\boldsymbol{p}}_a' \dot{\underline{q}}_a + \left(\frac{\partial \underline{\boldsymbol{p}}_a}{\partial t}\right)^T \dot{\underline{q}}_a + \underline{\boldsymbol{k}}_a'^T \dot{\underline{q}}_a + \partial \boldsymbol{k}_a/\partial t\,, \qquad a = 1, \dots, n\,. \tag{5}$$

Die Abkürzungen $\underline{\boldsymbol{p}}_a'$ und $\underline{\boldsymbol{k}}_a'$ bezeichnen eine $(n_a \times n_a)$-Matrix bzw. eine n_a-zeilige Spaltenmatrix mit den Elementen

$$(\underline{\boldsymbol{p}}_a')_{ij} = \frac{\partial \boldsymbol{p}_{ai}}{\partial q_{aj}}, \qquad i, j = 1, \dots, n_a; \qquad (\underline{\boldsymbol{k}}_a')_j = \frac{\partial \boldsymbol{k}_a}{\partial q_{aj}}, \qquad j = 1, \dots, n_a\,,$$

und $\partial \underline{\boldsymbol{p}}_a/\partial t$ ist eine Spaltenmatrix, deren Elemente die partiellen Ableitungen der Elemente von $\underline{\boldsymbol{p}}_a$ nach t sind.

Bei der Anwendung des D'ALEMBERTschen Prinzips werden die generalisierten Koordinaten der Gelenke Nr. 1 bis n variiert. Dabei erfährt $\boldsymbol{z}_a$ relativ zur Basis $\underline{e}^{(i^+(a))}$ eine Variation $\mathring{\delta}\boldsymbol{z}_a$, die nur von den Variationen der Koordinaten $\underline{q}_a$ des betreffenden Gelenks abhängt. Aus (2) ergibt sich

$$\mathring{\delta}\boldsymbol{z}_a = \underline{\boldsymbol{z}}_a'^T\, \delta \underline{q}_a\,, \qquad a = 1, \dots, n\,. \tag{6}$$

Jede beliebige endliche oder infinitesimale Änderung der Winkellage eines starren Körpers läßt sich nach EULER als Drehung um eine körperfeste Achse um einen endlichen bzw. infinitesimalen Drehwinkel auffassen. Man kann daher die Variation der Winkellage des Körpers Nr. $i^-(a)$ relativ zum Körper Nr. $i^+(a)$ durch einen Vektor $\delta\boldsymbol{\varkappa}_a$ kennzeichnen. Er ist das Produkt aus dem Einheitsvektor in Drehachsenrichtung und dem Drehwinkel im Rechtsschraubensinn um diese Achse. Ein beliebiger auf dem Körper Nr. $i^-(a)$ fester Vektor $\boldsymbol{b}$ erfährt relativ zu $\underline{e}^{(i^+(a))}$ die Variation

$$\overset{\circ}{\delta}\boldsymbol{b} = \delta\boldsymbol{\varkappa}_a \times \boldsymbol{b} .$$

Der Vektor $\delta\boldsymbol{\varkappa}_a$ ist von den Variationen der generalisierten Koordinaten $\underline{q}_a$ des betreffenden Gelenks abhängig, und zwar ergibt sich aus (4) die Beziehung

$$\delta\boldsymbol{\varkappa}_a = \underline{\boldsymbol{p}}_a^T \, \delta\underline{q}_a . \tag{7}$$

Abschließend werden einige Vereinbarungen für die aufgeschnittenen Gelenke Nr. $n+1, \dots, n+\hat{n}$ getroffen. Entsprechend den Vektoren $\boldsymbol{z}_a$ bei den anderen Gelenken werden für sie Gelenkvektoren $\hat{\boldsymbol{z}}_a$ $(a = n+1, \dots, n+\hat{n})$ definiert, die jeweils von einem körperfesten Gelenkpunkt auf einem Nachbarkörper zu einem körperfesten Gelenkpunkt auf dem anderen Nachbarkörper weisen. Die Wahl der Gelenkpunkte und der Richtungssinne der Vektoren ist beliebig. Sobald die Entscheidung über sie getroffen ist, sind die Funktionen $i^+(a)$ und $i^-(a)$ auch für die Argumentwerte $a = n+1, \dots, n+\hat{n}$ definiert. Die Lage der Gelenkpunkte auf den Körpern wird durch Vektoren $\hat{\boldsymbol{c}}_{ia}$ beschrieben, die ebenso definiert werden wie die Vektoren $\boldsymbol{c}_{ia}$ für die Gelenke Nr. $1, \dots, n$.

3. Die mathematische Beschreibung der Kopplungsstruktur

Das System von Körpern wird durch einen Graph abgebildet, dessen Knoten s_0 bis s_n die Körper und dessen Kanten u_1 bis $u_{n+\hat{n}}$ die Gelenke symbolisieren. Abb. 4 zeigt als Beispiel den Graph zu dem System von Abb. 2 mit den von dort übernommenen Numerierungen. Die Kanten u_{n+1} bis $u_{n+\hat{n}}$ (hier u_8 und u_9) sind gestrichelt gezeichnet. Aus der Graphentheorie werden folgende Begriffe übernommen. Die Beziehung zwischen einer Kante und den beiden Knoten, die sie miteinander verbindet, wird mit den Worten ausgedrückt: Die Kante inzidiert mit den Knoten. Zu zwei — nicht notwendig verschiedenen — Knoten s_i und s_j wird die „einfache Kette zwischen s_i und s_j" definiert. Sie ist die Menge aller Kanten im Graph des aufgeschnittenen Systems, die den Gelenken auf dem direkten Weg zwischen den Körpern Nr. i und Nr. j entsprechen. Von einem Knoten, mit dem wenigstens ein Element dieser Menge inzidiert, sagt man, daß er auf der einfachen Kette liegt. Mit Hilfe dieser Begriffe werden einige schwache Zuordnungsbeziehungen für Knoten eingeführt. Das Symbol $s_i \leqq s_j$ drückt aus, daß s_i ein (beliebiger) Knoten auf der einfachen Kette zwischen s_0 und s_j ist. Die Beziehung $s_i < s_j$ sagt aus, daß s_i auf der einfachen Kette zwischen s_0 und s_j liegt, aber nicht mit s_j identisch ist. Schließlich bedeutet die Aussage $s_i \nleqq s_j$, daß $s_i \leqq s_j$ nicht wahr ist. Es ist zu beachten, daß für zwei Knoten s_i und s_j gleichzeitig die Beziehungen $s_i \nleqq s_j$ und $s_j \nleqq s_i$ erfüllt sein können.

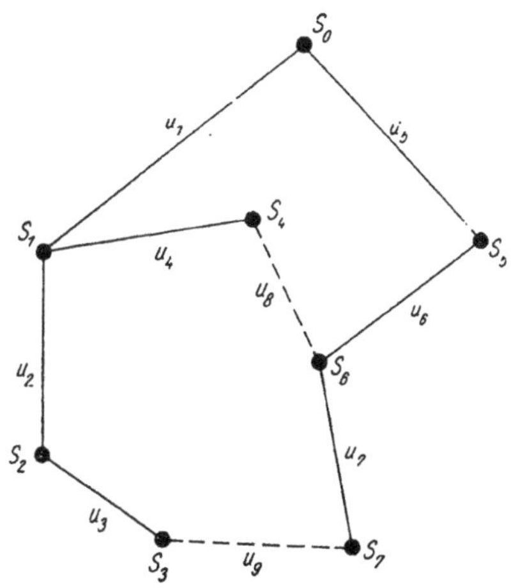

Abb. 4. Der Graph des Systems von Abb. 1 mit der Numerierung von Abb. 2. Die ausgezogenen Linien bilden den Graph mit Baumstruktur für das aufgeschnittene System

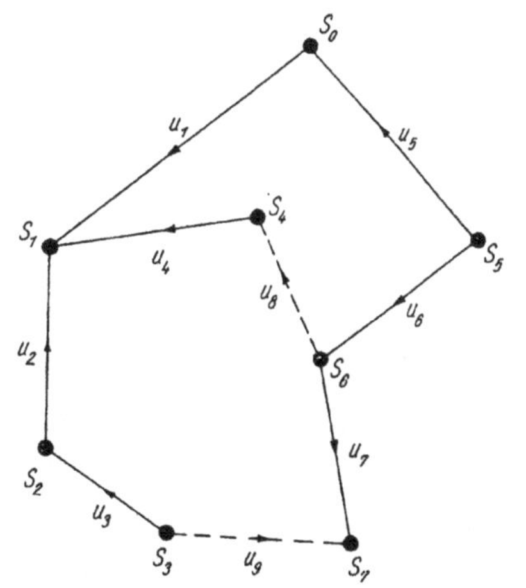

Abb. 5. Der gerichtete Graph

Aus dem Graph wird ein gerichteter Graph, wenn man den Kanten u_a $(a = 1, \dots, n+\hat{n})$ den Richtungssinn von $s_{i^+(a)}$ nach $s_{i^-(a)}$ zuordnet. Er wird durch einen Pfeil gekennzeichnet. Ein Beispiel: Für das System von Abb. 2 mögen zulässige Funktionen $i^+(a)$ und $i^-(a)$ entsprechend der nachfolgenden Tabelle festgelegt sein.

a	1	2	3	4	5	6	7	8	9
$i^+(a)$	0	2	3	4	5	5	6	6	3
$i^-(a)$	1	1	2	1	0	6	7	4	7

Dann hat der gerichtete Graph die Darstellung von Abb. 5. Die Funktionen $i^+(a)$ und $i^-(a)$ definieren die Elemente S_{ia} der Inzidenzmatrix $\underline{I}$ des gerichteten Graphen:

$$S_{ia} = \begin{cases} +1, \text{ wenn } i = i^+(a) \\ -1, \text{ wenn } i = i^-(a) \\ \;\;0 \text{ andernfalls} \end{cases} \quad \begin{array}{l} i = 0, \dots, n\,, \\ a = 1, \dots, n + \hat{n}\,. \end{array} \tag{8}$$

Folgende Untermatrizen dieser Matrix werden eingeführt:

$$\underline{S}_0 = [\,S_{01} \cdots S_{0n}\,]\,, \qquad \hat{\underline{S}}_0 = [\,S_{0,\,n+1} \cdots S_{0,\,n+\hat{n}}\,]\,,$$

$$\underline{S} = \begin{bmatrix} S_{11} \cdots S_{1n} \\ \vdots \\ S_{n1} \cdots S_{nn} \end{bmatrix}, \qquad \hat{\underline{S}} = \begin{bmatrix} S_{1,\,n+1} \cdots S_{1,\,n+\hat{n}} \\ \vdots \\ S_{n,\,n+1} \cdots S_{n,\,n+\hat{n}} \end{bmatrix}.$$

Schließlich sind $\underline{S}_0^+$, $\hat{\underline{S}}_0^+$, $\underline{S}^+$ und $\hat{\underline{S}}^+$ die Matrizen, die sich aus $\underline{S}_0$ bzw. $\hat{\underline{S}}_0$ bzw. $\underline{S}$ bzw. $\hat{\underline{S}}$ ergeben, wenn man in ihnen jedes Element -1 durch Null ersetzt. Der gerichtete Graph des aufgeschnittenen Systems wird zur Definition einer weiteren Matrix mit Elementen $+1$, -1 und Null benutzt. Bei dieser Matrix mit der Bezeichnung $\underline{T}$ sind die Zeilen den Kanten und die Spalten den Knoten zugeordnet. Ihre Elemente lauten

$$T_{ai} = \begin{cases} +1, \text{ wenn die Kante } u_a \text{ ein Element der einfachen Kette zwischen } s_0 \text{ und } s_i \text{ ist und zu } s_0 \\ \qquad \text{hingerichtet ist;} \\ -1, \text{ wenn die Kante } u_a \text{ ein Element der einfachen Kette zwischen } s_0 \text{ und } s_i \text{ ist und von } s_0 \\ \qquad \text{weggerichtet ist,} \\ \;\;\;0, \text{ wenn die Kante } u_a \text{ nicht Element der einfachen Kette zwischen } s_0 \text{ und } s_i \text{ ist;} \\ \qquad a, i = 1, \dots, n\,. \end{cases}$$

Für den gerichteten Graph von Abb. 5 lauten die Matrizen $\underline{I}$, $\underline{S}_0^+$, $\hat{\underline{S}}_0^+$, $\underline{S}^+$, $\hat{\underline{S}}^+$ und $\underline{T}$ wie folgt (in $\underline{I}$ sind die Untermatrizen $\underline{S}_0$, $\hat{\underline{S}}_0$, $\underline{S}$ und $\hat{\underline{S}}$ markiert).

$$\underline{I} = \left[\begin{array}{cc} \underbrace{[\begin{array}{ccccccc} 1 & 0 & 0 & 0 & -1 & 0 & 0 \end{array}]}_{\underline{S}_0} & \underbrace{[\begin{array}{cc} 0 & 0 \end{array}]}_{\hat{\underline{S}}_0} \\ \underbrace{\begin{bmatrix} -1 & -1 & 0 & -1 & 0 & 0 & 0 \\ 0 & 1 & -1 & 0 & 0 & 0 & 0 \\ 0 & 0 & 1 & 0 & 0 & 0 & 0 \\ 0 & 0 & 0 & 1 & 0 & 0 & 0 \\ 0 & 0 & 0 & 0 & 1 & 1 & 0 \\ 0 & 0 & 0 & 0 & 0 & -1 & 1 \\ 0 & 0 & 0 & 0 & 0 & 0 & -1 \end{bmatrix}}_{\underline{S}} & \underbrace{\begin{bmatrix} 0 & 0 \\ 0 & 0 \\ 0 & 1 \\ -1 & 0 \\ 0 & 0 \\ 1 & 0 \\ 0 & -1 \end{bmatrix}}_{\hat{\underline{S}}} \end{array}\right],$$

$$\underline{S}_0^+ = [\,1\;\;0\;\;0\;\;0\;\;0\;\;0\;\;0\,]\,, \qquad \hat{\underline{S}}_0^+ = [\,0\;\;0\,]\,,$$

$$\underline{S}^+ = \begin{bmatrix} 0 & 0 & 0 & 0 & 0 & 0 & 0 \\ 0 & 1 & 0 & 0 & 0 & 0 & 0 \\ 0 & 0 & 1 & 0 & 0 & 0 & 0 \\ 0 & 0 & 0 & 1 & 0 & 0 & 0 \\ 0 & 0 & 0 & 0 & 1 & 1 & 0 \\ 0 & 0 & 0 & 0 & 0 & 0 & 1 \\ 0 & 0 & 0 & 0 & 0 & 0 & 0 \end{bmatrix}, \quad \hat{\underline{S}}^+ = \begin{bmatrix} 0 & 0 \\ 0 & 0 \\ 0 & 1 \\ 0 & 0 \\ 0 & 0 \\ 1 & 0 \\ 0 & 0 \end{bmatrix}, \quad \underline{T} = \begin{bmatrix} -1 & -1 & -1 & -1 & 0 & 0 & 0 \\ 0 & 1 & 1 & 0 & 0 & 0 & 0 \\ 0 & 0 & 1 & 0 & 0 & 0 & 0 \\ 0 & 0 & 0 & 1 & 0 & 0 & 0 \\ 0 & 0 & 0 & 0 & 1 & 1 & 1 \\ 0 & 0 & 0 & 0 & 0 & -1 & -1 \\ 0 & 0 & 0 & 0 & 0 & 0 & -1 \end{bmatrix}.$$

Die Matrizen $\underline{S}$, $\underline{S}^+$ und $\underline{T}$ sind nicht nur in diesem Beispiel obere Dreiecksmatrizen. Diese Eigenschaft ist eine Folge der regulären Numerierung der Körper und Gelenke des Systems. Zwischen $\underline{T}$ und $\underline{S}_0$ besteht die allgemeingültige Beziehung

$$\underline{T}^T \underline{S}_0^T = -\underline{1}_n\,. \tag{9}$$

Darin ist $\underline{1}_n$ eine n-zeilige Spaltenmatrix, deren sämtliche Elemente gleich Eins sind. Zwischen den Matrizen $\underline{S}$ und $\underline{T}$ besteht die allgemeingültige Beziehung

$$\underline{T}\underline{S} = \underline{S}\underline{T} = \underline{E} \quad \text{(Einheitsmatrix)}\,. \tag{10}$$

Beweis: Es genügt, die Behauptung $\underline{T}\underline{S} = \underline{E}$ zu beweisen. Das Produkt $\underline{T}\underline{S}$ ist eine $(n \times n)$-Matrix mit den Elementen $(\underline{T}\underline{S})_{ab} = \sum_{i=1}^{n} T_{ai}S_{ib} = T_{ai^+(b)} - T_{ai^-(b)}$ $(a, b = 1, \dots, n)$. Sei zunächst $a = b$. Die Kante $u_a = u_b$ ist im Graph des aufgeschnittenen Systems entweder zu s_0 hingerichtet oder von s_0 weggerichtet. Im ersteren Fall ist $T_{ai^+(a)} = 1$, $T_{ai^-(a)} = 0$ und im letzteren $T_{ai^+(a)} = 0$, $T_{ai^-(a)} = -1$, in jedem Fall also $(\underline{T}\underline{S})_{aa} = 1$. Sei nun $a \neq b$. Man betrachte die beiden einfachen Ketten zwischen s_0 und $s_{i^+(b)}$ und zwischen s_0 und $s_{i^-(b)}$. Die Kante u_a gehört entweder zu beiden oder zu keiner von ihnen. In beiden Fällen ist $T_{ai^+(b)} = T_{ai^-(b)}$ und folglich $(\underline{T}\underline{S})_{ab} = 0$. Ende des Beweises (man beachte, daß bei diesem Beweis kein Gebrauch davon gemacht wird, daß die Numerierung der Körper und Gelenke regulär ist).

4. Kinematik des gesamten Systems

Zwischen den absoluten Winkelgeschwindigkeiten $\boldsymbol{\omega}_i$ $(i = 0, \ldots, n)$ der Körper und den früher definierten relativen Winkelgeschwindigkeiten $\boldsymbol{\Omega}_a$ $(a = 1, \ldots, n)$ besteht die Beziehung

$$\boldsymbol{\omega}_{i^+(a)} - \boldsymbol{\omega}_{i^-(a)} = -\boldsymbol{\Omega}_a, \qquad a = 1, \ldots, n,$$

oder wegen (8)

$$\sum_{i=0}^{n} S_{ia}\boldsymbol{\omega}_i = S_{0a}\boldsymbol{\omega}_0 + \sum_{i=1}^{n} S_{ia}\boldsymbol{\omega}_i = -\boldsymbol{\Omega}_a, \qquad a = 1, \ldots, n.$$

Wenn man unter $\underline{\boldsymbol{\omega}}$ und $\underline{\boldsymbol{\Omega}}$ die n-zeiligen, vektoriellen Spaltenmatrizen $[\boldsymbol{\omega}_1 \cdots \boldsymbol{\omega}_n]^T$ bzw. $[\boldsymbol{\Omega}_1 \cdots \boldsymbol{\Omega}_n]^T$ versteht, lassen sich diese n Gleichungen in der einen Matrizengleichung

$$\underline{S}^T\underline{\boldsymbol{\omega}} = -\underline{\boldsymbol{\Omega}} - \boldsymbol{\omega}_0 \underline{S}_0^T$$

zusammenfassen. Multiplikation von links mit $\underline{T}^T$ liefert bei Beachtung von (9) und (10)

$$\underline{\boldsymbol{\omega}} = -\underline{T}^T\underline{\boldsymbol{\Omega}} + \boldsymbol{\omega}_0 \underline{1}_n .$$

Die absolute Winkelgeschwindigkeit des Körpers Nr. i ist also

$$\boldsymbol{\omega}_i = -\sum_{a=1}^{n} T_{ai}\boldsymbol{\Omega}_a + \boldsymbol{\omega}_0, \qquad i = 1, \ldots, n. \tag{11}$$

Bei der Anwendung des d'Alembertschen Prinzips werden die generalisierten Koordinaten der Gelenke Nr. 1, ..., n variiert (das sind alle Koordinaten des Systems). Die Winkellage der Bezugsbasis $\underline{e}^{(0)}$ relativ zum Inertialraum darf dagegen nicht variiert werden, weil sie als Funktion der Zeit vorgeschrieben ist. Die Variation der Winkellage des Körpers Nr. i $(i = 1, \ldots, n)$ relativ zum Inertialraum ist daher identisch mit der Variation seiner Winkellage relativ zur Bezugsbasis $\underline{e}^{(0)}$. Wie früher dargelegt wurde, läßt sie sich durch einen Vektor kennzeichnen, der das Produkt aus einem Drehachsen-Einheitsvektor und einem Drehwinkel ist. Er wird $\delta\boldsymbol{\pi}_i$ genannt. Die Variation eines beliebigen auf dem Körper Nr. i festen Vektors $\boldsymbol{b}_i$ relativ zum Inertialraum ist dann

$$\delta\boldsymbol{b}_i = \delta\boldsymbol{\pi}_i \times \boldsymbol{b}_i . \tag{12}$$

Der Vektor $\delta\boldsymbol{\pi}_i$ hängt von den Variationen der generalisierten Koordinaten des Systems ab. Entsprechend der Beziehung (11) ergibt sich für ihn die Gleichung

$$\delta\boldsymbol{\pi}_i = -\sum_{a=1}^{n} T_{ai}\,\delta\boldsymbol{\varkappa}_a, \qquad i = 1, \ldots, n \tag{13}$$

mit $\delta\boldsymbol{\varkappa}_a$ nach (7). Alle n Beziehungen (13) werden in einer Matrizengleichung zusammengefaßt. Zu diesem Zweck definiert man die Spaltenmatrizen $\delta\underline{\boldsymbol{\pi}} = [\delta\boldsymbol{\pi}_1 \cdots \delta\boldsymbol{\pi}_n]^T$, $\delta\underline{\boldsymbol{\varkappa}} = [\delta\boldsymbol{\varkappa}_1 \cdots \delta\boldsymbol{\varkappa}_n]^T$ und $\delta\underline{q} = [\delta\underline{q}_1^T \cdots \delta\underline{q}_n^T]^T$. Damit erhält man aus (7)

$$\delta\underline{\boldsymbol{\pi}} = -\underline{T}^T\delta\underline{\boldsymbol{\varkappa}} = -\underline{T}^T \operatorname{diag}\underline{\boldsymbol{p}}^T\,\delta\underline{q} . \tag{14}$$

Aus (11) ergibt sich die absolute Winkelbeschleunigung des Körpers Nr. i zu

$$\dot{\boldsymbol{\omega}}_i = -\sum_{a=1}^{n} T_{ai}(\mathring{\boldsymbol{\Omega}}_a + \boldsymbol{\omega}_{i^+(a)} \times \boldsymbol{\Omega}_a) + \dot{\boldsymbol{\omega}}_0, \qquad i = 1, \ldots, n.$$

Das liefert bei Beachtung von (5) für die Spaltenmatrix $\dot{\underline{\boldsymbol{\omega}}}$ den Ausdruck

$$\dot{\underline{\boldsymbol{\omega}}} = -\underline{T}^T(\operatorname{diag}\underline{\boldsymbol{p}}^T\,\ddot{\underline{q}} + \underline{\boldsymbol{f}}) + \dot{\boldsymbol{\omega}}_0\,\underline{1}_n . \tag{15}$$

Darin ist $\underline{\boldsymbol{f}}$ eine Spaltenmatrix mit den Elementen

$$\boldsymbol{f}_a = \dot{\underline{q}}_a^T\underline{\boldsymbol{p}}_a'\dot{\underline{q}}_a + \left(\frac{\partial \underline{\boldsymbol{p}}_a}{\partial t}\right)^T \dot{\underline{q}}_a + \underline{\boldsymbol{k}}_a'^T\dot{\underline{q}}_a + \frac{\partial \boldsymbol{k}_a}{\partial t} + \boldsymbol{\omega}_{i^+(a)} \times \boldsymbol{\Omega}_a, \qquad a = 1, \ldots, n.$$

Sie sind Funktionen der generalisierten Koordinaten und Geschwindigkeiten und der Zeit.

Abb. 6 zeigt die Nachbarkörper Nr. $i^+(a)$ und Nr. $i^-(a)$ am Gelenk Nr. a $(a = 1, \ldots, n)$. Die Punkte $C_{i^+(a)}$ und $C_{i^-(a)}$ sind im Fall $i \neq 0$ ihre Massenmittelpunkte und im Fall $i = 0$ der Ursprung der Basis $\underline{e}^{(0)}$. Die Lage der Punkte im Inertialraum wird durch die Radiusvektoren $\boldsymbol{R}_{i^+(a)}$ und $\boldsymbol{R}_{i^-(a)}$ angegeben. Der Gelenkvektor $\boldsymbol{z}_a$ verbindet zwei auf den Körpern feste Gelenkpunkte, deren Lage durch die Vektoren $\boldsymbol{c}_{i^+(a)a}$ und $\boldsymbol{c}_{i^-(a)a}$ bestimmt ist. Aus der Abbildung ergibt sich die Beziehung

$$(\boldsymbol{R}_{i^+(a)} + \boldsymbol{c}_{i^+(a)a}) - (\boldsymbol{R}_{i^-(a)} + \boldsymbol{c}_{i^-(a)a}) = -\boldsymbol{z}_a, \qquad a = 1, \ldots, n. \tag{16}$$

Mit (8) kann man dafür schreiben

$$\sum_{i=0}^{n} S_{ia}(\boldsymbol{R}_i + \boldsymbol{c}_{ia}) = S_{0a}(\boldsymbol{R}_0 + \boldsymbol{c}_{0a}) + \sum_{i=1}^{n} S_{ia}(\boldsymbol{R}_i + \boldsymbol{c}_{ia}) = -\boldsymbol{z}_a, \qquad a = 1, \ldots, n. \tag{17}$$

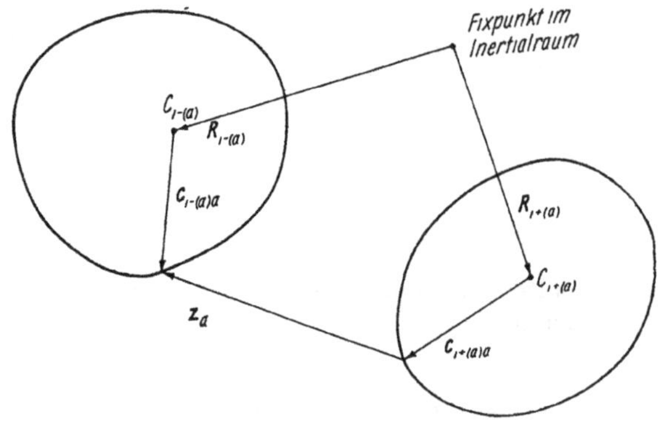

Abb. 6. Vektoren zur Beschreibung der Lage von Nachbarkörpern im Inertialraum und relativ zueinander

Sei $\underline{C}$ die $(n \times n)$-Matrix mit den vektoriellen Elementen

$$C_{ia} = S_{ia}\boldsymbol{c}_{ia}\,, \qquad i, a = 1, \ldots, n$$

(wenn $\boldsymbol{c}_{ia}$ nicht erklärt ist, ist $C_{ia} = 0$). Sei ferner $\underline{C}_0$ die Zeilenmatrix mit den Elementen

$$C_{0a} = S_{0a}\boldsymbol{c}_{0a}\,, \qquad a = 1, \ldots, n$$

(wenn $\boldsymbol{c}_{0a}$ nicht erklärt ist, ist $C_{0a} = 0$). Wenn man noch die Spaltenmatrizen $\underline{\boldsymbol{R}} = [\boldsymbol{R}_1 \cdots \boldsymbol{R}_n]^T$ und $\underline{\boldsymbol{z}} = [\boldsymbol{z}_1 \cdots \boldsymbol{z}_n]^T$ einführt, lassen sich alle n Gleichungen (17) in der Matrizengleichung

$$\underline{S}^T\underline{\boldsymbol{R}} + \underline{C}^T\, \underline{1}_n = -\,\underline{\boldsymbol{z}} - \boldsymbol{R}_0\underline{S}_0^T - \underline{C}_0^T$$

zusammenfassen. Multiplikation von links mit $\underline{T}^T$ liefert bei Beachtung von (9) und (10)

$$\underline{\boldsymbol{R}} = -\,(\underline{C}\,\underline{T})^T\, \underline{1}_n - \underline{T}^T\underline{\boldsymbol{z}} + \boldsymbol{R}_0\underline{1}_n - (\underline{C}_0\underline{T})^T\,. \tag{18}$$

Die Spaltenmatrix $(\underline{C}_0\underline{T})^T$ hat die Elemente $\boldsymbol{d}_{0j} = \sum\limits_{a=1}^{n} S_{0a}T_{aj}\boldsymbol{c}_{0a}$ $(j = 1, \ldots, n)$. Nur für einen einzigen Vektor $\boldsymbol{c}_{0a}$ in diesem Ausdruck ist der Faktor $S_{0a}T_{aj}$ ungleich Null, und zwar minus Eins. Das ist der Vektor mit dem Index a derjenigen Kante, die mit s_0 inzidiert und zu der einfachen Kette zwischen s_0 und s_j gehört. Für das Beispiel von Abb. 2 ist

$$-\,(\underline{C}_0\underline{T}) = [\boldsymbol{c}_{01}\boldsymbol{c}_{01}\boldsymbol{c}_{01}\boldsymbol{c}_{01}\boldsymbol{c}_{05}\boldsymbol{c}_{05}]\,.$$

Es ist zweckmäßig, den Ursprung der Basis $\underline{e}^{(0)}$ in einen Gelenkpunkt des Körpers Nr. 0 zu legen. Dann ist der zugehörige Vektor $\boldsymbol{c}_{0a}$ gleich Null.

Bei der Bildung der Variation von $\underline{\boldsymbol{R}}$ ist zu beachten, daß $\boldsymbol{R}_0$ und $\underline{C}_0$ als vorgegebene Funktionen der Zeit nicht variiert werden dürfen. Für die körperfesten Vektoren $\boldsymbol{c}_{ia}$ in der Matrix $\underline{C}$ gilt wegen (12) $\delta\boldsymbol{c}_{ia} = -\,\boldsymbol{c}_{ia} \times \delta\boldsymbol{\pi}_i$ $(i = 1, \ldots, n)$. Damit erhält man

$$\delta\underline{C}^T\underline{1}_n = -\,\underline{C}^T \times \delta\underline{\boldsymbol{\pi}}.$$

Also ist

$$\delta\underline{\boldsymbol{R}} = (\underline{C}\,\underline{T})^T \times \delta\underline{\boldsymbol{\pi}} - \underline{T}^T\delta\underline{\boldsymbol{z}}\,.$$

Sowohl $\delta\underline{\boldsymbol{\pi}}$ als auch $\delta\underline{\boldsymbol{z}}$ sind durch die Variationen der generalisierten Koordinaten ausdrückbar. Für $\delta\underline{\boldsymbol{\pi}}$ steht die fertige Beziehung in (14). Von $\boldsymbol{z}_a$ ist zunächst nur die Variation $\mathring{\delta}\boldsymbol{z}_a$ relativ zur Basis $\underline{e}^{(i^+(a))}$ bekannt (s. (6)). Die Variation relativ zum Inertialraum ist

$$\delta\boldsymbol{z}_a = \mathring{\delta}\boldsymbol{z}_a + \delta\boldsymbol{\pi}_{i^+(a)} \times \boldsymbol{z}_a = \underline{\boldsymbol{z}}_a'^T\delta\underline{q}_a - \boldsymbol{z}_a \times \delta\boldsymbol{\pi}_{i^+(a)}\,, \qquad a = 1, \ldots, n\,.$$

Darin ist

$$\delta\boldsymbol{\pi}_{i^+(a)} = \sum_{i=1}^{n} S_{ia}^+\delta\boldsymbol{\pi}_i\,.$$

Damit ergibt sich

$$\delta\underline{\boldsymbol{z}} = \operatorname{diag}\underline{\boldsymbol{z}}'^T\delta\underline{q} - \underline{C}^{*T} \times \delta\underline{\boldsymbol{\pi}}\,. \tag{19}$$

Die $(n \times n)$-Matrix $\underline{C}^*$ hat die Elemente

$$C_{ia}^* = S_{ia}^+\boldsymbol{z}_a\,, \qquad i, a = 1, \ldots, n\,.$$

Damit und mit (14) erhält man für die Variation $\delta\underline{\boldsymbol{R}}$ die Form

$$\delta\underline{\boldsymbol{R}} = -\,\underline{T}^T[(\underline{C} + \underline{C}^*)^T \times \underline{T}^T \operatorname{diag}\underline{\boldsymbol{p}}^T + \operatorname{diag}\underline{\boldsymbol{z}}'^T]\,\delta\underline{q}\,.$$

Die später benötigte Transponierte hiervon ist

$$\delta\underline{\boldsymbol{R}}^T = \delta\underline{q}^T\,[\operatorname{diag}\underline{\boldsymbol{p}}\,\underline{T} \times (\underline{C} + \underline{C}^*) - \operatorname{diag}\underline{\boldsymbol{z}}']\,\underline{T}\,. \tag{20}$$

Aus (18) ergibt sich die zweite absolute Ableitung von $\underline{R}$ nach t zu

$$\ddot{\underline{R}} = -(\ddot{\underline{C}}\underline{T})^T \underline{1}_n - \underline{T}^T\ddot{\underline{z}} + \ddot{R}_0\underline{1}_n - (\ddot{\underline{C}}_0\underline{T})^T . \tag{21}$$

Für ein einzelnes Element von $\underline{C}$ gilt

$$\ddot{C}_{ia} = S_{ia}[-c_{ia} \times \dot{\omega}_i + \omega_i \times (\omega_i \times c_{ia})] .$$

Damit ergibt sich

$$\ddot{\underline{C}}^T\underline{1}_n = -\underline{C}^T \times \dot{\underline{\omega}} + \underline{g} , \tag{22}$$

wobei $\underline{g}$ eine Spaltenmatrix mit den Elementen

$$g_a = \omega_{i^+(a)} \times (\omega_{i^+(a)} \times c_{i^+(a)a}) - \omega_{i^-(a)} \times (\omega_{i^-(a)} \times c_{i^-(a)a}) , \qquad a = 1, \ldots, n$$

ist. Sie sind Funktionen der generalisierten Koordinaten und Geschwindigkeiten und der Zeit. Für die Vektoren in der Spaltenmatrix $-(\ddot{\underline{C}}_0\underline{T})^T$ gilt

$$\ddot{c}_{0a} = \dot{\omega}_0 \times c_{0a} + \omega_0 \times (\omega_0 \times c_{0a}) .$$

Das sind vorgegebene Funktionen der Zeit. Für ein einzelnes Element der Spaltenmatrix $\ddot{\underline{z}}$ gilt die Gleichung

$$\ddot{z}_a = \overset{\circ\circ}{z}_a - z_a \times \dot{\omega}_{i^+(a)} + h_a , \qquad a = 1, \ldots, n \tag{23}$$

mit

$$h_a = 2\omega_{i^+(a)} \times \overset{\circ}{z}_a + \omega_{i^+(a)} \times (\omega_{i^+(a)} \times z_a) , \qquad a = 1, \ldots, n .$$

Wenn man die Beziehung $\omega_{i^+(a)} = \sum_{i=1}^{n} S^+_{ia}\omega_i$ beachtet, lassen sich alle n Gleichungen (23) in der Form

$$\ddot{\underline{z}} = \overset{\circ\circ}{\underline{z}} - \underline{C}^{*T} \times \dot{\underline{\omega}} + \underline{h} \tag{24}$$

zusammenfassen (vgl. (19)). Darin sind $\overset{\circ\circ}{\underline{z}}$ und $\underline{h}$ die Spaltenmatrizen $[\overset{\circ\circ}{z}_1 \cdots \overset{\circ\circ}{z}_n]^T$ bzw. $[h_1 \cdots h_n]^T$. Mit (22) und (24) erhält man aus (21) die Beziehung

$$\ddot{\underline{R}} = \underline{T}^T[(\underline{C} + \underline{C}^*)^T \times \dot{\underline{\omega}} - \overset{\circ\circ}{\underline{z}} - \underline{g} - \underline{h}] + \ddot{R}_0\underline{1}_n - (\ddot{\underline{C}}_0\underline{T})^T .$$

Sie nimmt mit (15) und (3) schließlich die Form an

$$\ddot{\underline{R}} = \underline{T}^T [\operatorname{diag} \underline{p}\, \underline{T} \times (\underline{C} + \underline{C}^*) - \operatorname{diag} \underline{z}']^T \ddot{\underline{q}} + \underline{U} . \tag{25}$$

Darin ist $\underline{U}$ die Spaltenmatrix

$$\underline{U} = -\underline{T}^T[(\underline{C} + \underline{C}^*)^T \times (\underline{T}^T\underline{f} - \omega_0\underline{1}_n) + \underline{w} + \underline{g} + \underline{h}] + \ddot{R}_0\underline{1}_n - (\ddot{\underline{C}}_0\underline{T})^T$$

mit

$$w_a = \dot{\underline{q}}_a^T \underline{z}_a'' \dot{\underline{q}}_a + 2\left(\frac{\partial \underline{z}_a'}{\partial t}\right)^T \dot{\underline{q}}_a + \frac{\partial^2 z_a}{\partial t^2} , \qquad a = 1, \ldots, n .$$

Die Koordinaten und Maßzahlen der eingeführten Vektoren und Dyaden sind am einfachsten in den körperfesten Basen bestimmter, verschiedener Körper des Systems angebbar. Numerische Rechnungen setzen die Kenntnis aller Koordinaten und Maßzahlen in einer gemeinsamen Bezugsbasis voraus. Dafür wird die Basis $\underline{e}^{(0)}$ verwendet. Man benötigt dann für jeden Körper Nr. i ($i = 1, \ldots, n$) eine Koordinatentransformationsmatrix von $\underline{e}^{(i)}$ nach $\underline{e}^{(0)}$. Sie wird $\underline{A}^i$ genannt und durch die Gleichung

$$\underline{e}^{(0)} = \underline{A}^i \underline{e}^{(i)} , \qquad i = 1, \ldots, n \tag{26}$$

definiert. $\underline{A}^i$ ($i = 1, \ldots, n$) ist das Produkt der Transformationsmatrizen $\underline{G}_a$ oder $\underline{G}_a^T$ nach (1) aller Gelenke in deren Reihenfolge entlang dem direkten Weg vom Körper Nr. 0 zum Körper Nr. i im aufgeschnittenen System. Diese Reihenfolge ist dank der regulären Numerierung der Körper und Gelenke aus der i-ten Spalte der Matrix $\underline{T}$ zu entnehmen. Wenn $T_{ai} = +1$ ist, dann ist $\underline{G}_a$ die Gelenktransformationsmatrix, und wenn $T_{ai} = -1$ ist, dann $\underline{G}_a^T$. Ein Beispiel: Für das System mit dem gerichteten Graph von Abb. 5 ist $\underline{A}^3 = \underline{G}_1^T \underline{G}_2 \underline{G}_3$. Die Matrizen $\underline{A}^1$ bis $\underline{A}^n$ werden mit dem geringsten Rechenaufwand berechnet, wenn man sie rekursiv in der Reihenfolge wachsender Indizes ermittelt.

5. Bewegungsgleichungen

Für das System von n Körpern lautet das D'ALEMBERTsche Prinzip

$$\sum_{i=1}^{n} \int_{m_i} (F - \ddot{r}\, dm) \cdot \delta r = 0 .$$

Darin sind r der Radiusvektor des Massenelementes dm von einem Fixpunkt im Inertialraum aus (Abb. 7) und δr seine Variation. In F sind alle am Massenelement dm angreifenden Kräfte zusammengefaßt, die nicht von idealen kinematischen Bindungen hervorgerufen werden. Das sind alle von außen eingeprägten Kräfte

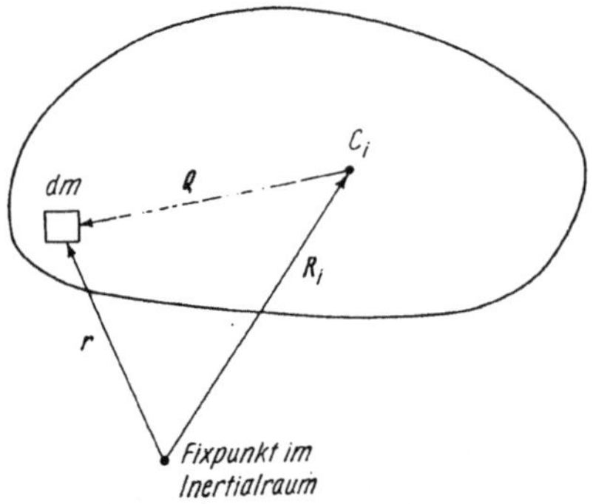

Abb. 7. Radiusvektoren eines Massenelementes auf dem Körper Nr. i

und alle inneren Kräfte, die, wie z. B. Feder- und Dämpferkräfte, virtuelle Arbeit leisten. Der Vektor $\boldsymbol{r}$ setzt sich aus dem Radiusvektor $\boldsymbol{R}_i$ des Massenmittelpunktes C_i des betreffenden Körpers und einem körperfesten Vektor $\boldsymbol{\varrho}$ zusammen. Daher ist mit (12)

$$\delta \boldsymbol{r} = \delta \boldsymbol{R}_i + \delta \boldsymbol{\pi}_i \times \boldsymbol{\varrho} ,$$

so daß das D'ALEMBERTsche Prinzip die Form annimmt

$$\sum_{i=1}^{n} \left[\delta \boldsymbol{R}_i \cdot \int_{m_i} (\boldsymbol{F} - \ddot{\boldsymbol{r}}\, \mathrm{d}m) + \delta \boldsymbol{\pi}_i \cdot \int_{m_i} \boldsymbol{\varrho} \times (\boldsymbol{F} - \ddot{\boldsymbol{r}}\, \mathrm{d}m)\right] = 0 . \tag{27}$$

Alle Integrationen lassen sich explizit ausführen. Die Integrale $\int_{m_i} \boldsymbol{F} = \boldsymbol{F}_i^*$ und $\int_{m_i} \boldsymbol{\varrho} \times \boldsymbol{F} = \boldsymbol{M}_i^*$ sind die Resultierenden aller am Körper Nr. i angreifenden äußeren und virtuelle Arbeit leistenden inneren Kräfte bzw. aller Momente bezüglich C_i. Weiterhin ist

$$\int_{m_i} \boldsymbol{\varrho} \times \ddot{\boldsymbol{r}}\, \mathrm{d}m = \int_{m_i} \boldsymbol{\varrho} \times (\ddot{\boldsymbol{R}}_i + \ddot{\boldsymbol{\varrho}})\, \mathrm{d}m = \frac{\mathrm{d}}{\mathrm{d}t} \int_{m_i} \boldsymbol{\varrho} \times \dot{\boldsymbol{\varrho}}\, \mathrm{d}m .$$

Das ist die absolute Ableitung des absoluten Dralls des Körpers Nr. i bezüglich seines Massenmittelpunktes. Zunächst wird dafür die Abkürzung $\dot{\boldsymbol{L}}_i$ verwendet. Damit ergibt sich aus (27)

$$\sum_{i=1}^{n} [\delta \boldsymbol{R}_i \cdot (\boldsymbol{F}_i^* - m_i \ddot{\boldsymbol{R}}_i) + \delta \boldsymbol{\pi}_i \cdot (\boldsymbol{M}_i^* - \dot{\boldsymbol{L}}_i)] = 0 . \tag{28}$$

Später wird für $\dot{\boldsymbol{L}}_i$ der Ausdruck

$$\dot{\boldsymbol{L}}_i = \mathfrak{J}_i \cdot \dot{\boldsymbol{\omega}}_i + \boldsymbol{V}_i , \qquad i = 1, \dots , n \tag{29}$$

mit der zentralen Trägheitsdyade $\mathfrak{J}_i$ des Körpers Nr. i und mit der Abkürzung

$$\boldsymbol{V}_i = \boldsymbol{\omega}_i \times \mathfrak{J}_i \cdot \boldsymbol{\omega}_i \tag{30}$$

eingesetzt. Die Gleichung (28) wird als Matrizenprodukt formuliert. Zusätzlich zu den früher definierten Spaltenmatrizen $\underline{\boldsymbol{R}}$, $\delta\underline{\boldsymbol{R}}$ und $\delta\underline{\boldsymbol{\pi}}$ werden zu diesem Zweck die Spaltenmatrizen $\underline{\boldsymbol{F}}^* = [\boldsymbol{F}_1^* \cdots \boldsymbol{F}_n^*]^T$, $\underline{\boldsymbol{M}}^* = [\boldsymbol{M}_1^* \cdots \boldsymbol{M}_n^*]^T$, $\dot{\underline{\boldsymbol{L}}} = [\dot{\boldsymbol{L}}_1 \cdots \dot{\boldsymbol{L}}_n]^T$ sowie die quadratische, diagonale Massenmatrix $\underline{m}$ mit den Elementen $m_{ij} = \delta_{ij} m_i$ ($i, j = 1, \dots , n$; δ_{ij} ist das KRONECKERsymbol) eingeführt. Dann lautet (28)

$$\delta \underline{\boldsymbol{R}}^T \cdot (\underline{\boldsymbol{F}}^* - \underline{m}\ddot{\underline{\boldsymbol{R}}}) + \delta \underline{\boldsymbol{\pi}}^T \cdot (\underline{\boldsymbol{M}}^* - \dot{\underline{\boldsymbol{L}}}) = 0 . \tag{31}$$

Die Kraft $\boldsymbol{F}_i^*$ am Körper Nr. i enthält u. a. die Resultierende der von außen eingeprägten Kräfte an diesem Körper. Sie wird $\boldsymbol{F}_i$ genannt. In den Gelenken Nr. 1 bis n wirken ideale Bindungskräfte, die keine virtuelle Arbeit leisten. Sie liefern daher auch keinen Beitrag zu den Kräften $\boldsymbol{F}_i^*$ ($i = 1, \dots , n$). Mit $\boldsymbol{X}_a$ wird die im Gelenk Nr. a ($a = 1, \dots , n$) auf den Körper Nr. $i^+(a)$ wirkende, Arbeit leistende innere Kraft bezeichnet und entsprechend mit $\hat{\boldsymbol{X}}_a$ die im Gelenk Nr. a ($a = n + 1, \dots , n + \hat{n}$) auf den Körper Nr. $i^+(a)$ wirkende, Arbeit leistende innere Kraft. Dann ist

$$\sum_{a=1}^{n} S_{ia} \boldsymbol{X}_a + \sum_{a=n+1}^{n+\hat{n}} \hat{S}_{ia} \hat{\boldsymbol{X}}_a$$

die Resultierende aller auf den Körper Nr. $i^+(a)$ wirkenden, Arbeit leistenden, inneren Kräfte. Seien $\underline{\boldsymbol{F}}$, $\underline{\boldsymbol{X}}$ und $\hat{\underline{\boldsymbol{X}}}$ die Spaltenmatrizen $[\boldsymbol{F}_1 \cdots \boldsymbol{F}_n]^T$, $[\boldsymbol{X}_1 \cdots \boldsymbol{X}_n]^T$ bzw. $[\hat{\boldsymbol{X}}_{n+1} \cdots \hat{\boldsymbol{X}}_{n+\hat{n}}]^T$. Mit ihnen ist

$$\underline{\boldsymbol{F}}^* = \underline{\boldsymbol{F}} + \underline{S}\underline{\boldsymbol{X}} + \hat{\underline{S}}\hat{\underline{\boldsymbol{X}}} . \tag{32}$$

In derselben Weise wie bei $\boldsymbol{F}_i^*$ wird bei $\boldsymbol{M}_i^*$ ($i = 1, \dots , n$) zwischen äußeren Momenten und virtuelle Arbeit leistenden inneren Momenten unterschieden. Das resultierende äußere Moment bezüglich C_i wird $\boldsymbol{M}_i$ genannt. Die in den Gelenken wirkenden inneren Momente bezüglich C_i kann man nicht wie $\boldsymbol{X}_a$ durch einen einzigen Index a kennzeichnen, weil die Bezugspunkte und damit auch die Momente für die beiden Nachbarkörper eines Gelenks verschieden sind. Aus diesem Grund werden die virtuelle Arbeit leistenden inneren Momente $\boldsymbol{Y}_a$ $(a = 1, \dots, n)$ und $\hat{\boldsymbol{Y}}_a$ $(a = n+1, \dots, n+\hat{n})$ bezüglich des Gelenkpunktes an der Spitze des Vektors $\boldsymbol{z}_a$ bzw. $\hat{\boldsymbol{z}}_a$ eingeführt. Wie bei $\boldsymbol{X}_a$ und $\hat{\boldsymbol{X}}_a$ gilt die Vorzeichenregel, daß $+\boldsymbol{Y}_a$ und $+\hat{\boldsymbol{Y}}_a$ am Körper Nr. $i^+(a)$ angreifen. Aus Abb. 3 entnimmt man, daß für $a = 1, \dots, n$ die benötigten Momente bezüglich der Massenmittelpunkte der beiden Nachbarkörper $+\boldsymbol{Y}_a + (\boldsymbol{c}_{ia} + \boldsymbol{z}_a) \times \boldsymbol{X}_a$ am Körper Nr. $i^+(a)$ und $-\boldsymbol{Y}_a - \boldsymbol{c}_{ia} \times \boldsymbol{X}_a$ am Körper Nr. $i^-(a)$ sind. Beide Ausdrücke werden in der einen Formel

$$S_{ia}\boldsymbol{Y}_a + (S_{ia}\boldsymbol{c}_{ia} + S_{ia}^+\boldsymbol{z}_a) \times \boldsymbol{X}_a$$

vereinigt. Sie ist auch für den Fall gültig, daß das Gelenk Nr. a nicht auf dem Körper Nr. i liegt, da dann $S_{ia} = S_{ia}^+ = 0$ ist. Für $a = n+1, \dots, n+\hat{n}$ haben die Momente die entsprechende Form

$$\hat{S}_{ia}\hat{\boldsymbol{Y}}_a + (\hat{S}_{ia}\hat{\boldsymbol{c}}_{ia} + \hat{S}_{ia}^+\hat{\boldsymbol{z}}_a) \times \hat{\boldsymbol{X}}_a\,.$$

Folglich ergibt sich die Resultierende der Arbeit leistenden inneren Momente bezüglich C_i für alle Gelenke auf dem Körper Nr. i durch Summation über $a = 1, \dots, n+\hat{n}$. Damit hat man für $\boldsymbol{M}_i^*$ schließlich den Ausdruck

$$\boldsymbol{M}_i^* = \boldsymbol{M}_i + \sum_{a=1}^{n} [S_{ia}\boldsymbol{Y}_a + (S_{ia}\boldsymbol{c}_{ia} + S_{ia}^+\boldsymbol{z}_a) \times \boldsymbol{X}_a] + \sum_{a=n+1}^{n+\hat{n}} [\hat{S}_{ia}\hat{\boldsymbol{Y}}_a + (\hat{S}_{ia}\hat{\boldsymbol{c}}_{ia} + \hat{S}_{ia}^+\hat{\boldsymbol{z}}_a) \times \hat{\boldsymbol{X}}_a]\,.$$

Seien $\underline{\boldsymbol{M}}$, $\underline{\boldsymbol{Y}}$ und $\underline{\hat{\boldsymbol{Y}}}$ die Spaltenmatrizen $[\boldsymbol{M}_1 \cdots \boldsymbol{M}_n]^T$, $[\boldsymbol{Y}_1 \cdots \boldsymbol{Y}_n]^T$ bzw. $[\hat{\boldsymbol{Y}}_{n+1} \cdots \hat{\boldsymbol{Y}}_{n+\hat{n}}]^T$. Seien ferner $\underline{\hat{C}}$ und $\underline{\hat{C}}^*$ die Matrizen mit den Elementen

$$\hat{\boldsymbol{C}}_{ia} = \hat{S}_{ia}\hat{\boldsymbol{c}}_{ia}\,; \quad \hat{\boldsymbol{C}}_{ia}^* = \hat{S}_{ia}^+\hat{\boldsymbol{z}}_a\,; \qquad i = 1, \dots, n;\ a = n+1, \dots, n+\hat{n}$$

($\hat{\boldsymbol{C}}_{ia}$ ist Null, wenn $\hat{\boldsymbol{c}}_{ia}$ nicht definiert ist). Die Spaltenmatrix $\underline{\boldsymbol{M}}^*$ in (31) läßt sich nun in der Form

$$\underline{\boldsymbol{M}}^* = \underline{\boldsymbol{M}} + \underline{S}\underline{\boldsymbol{Y}} + (\underline{\boldsymbol{C}} + \underline{\boldsymbol{C}}^*) \times \underline{\boldsymbol{X}} + \underline{\hat{S}}\underline{\hat{\boldsymbol{Y}}} + (\underline{\hat{\boldsymbol{C}}} + \underline{\hat{\boldsymbol{C}}}^*) \times \underline{\hat{\boldsymbol{X}}}$$

darstellen. Damit und mit (32) nimmt (31) die Gestalt an

$$\delta\underline{\boldsymbol{R}}^T \cdot (\underline{\boldsymbol{F}} + \underline{S}\underline{\boldsymbol{X}} + \underline{\hat{S}}\underline{\hat{\boldsymbol{X}}} - \underline{m}\underline{\ddot{\boldsymbol{R}}}) + \delta\underline{\boldsymbol{\pi}}^T \cdot [\underline{\boldsymbol{M}} + \underline{S}\underline{\boldsymbol{Y}} + \underline{\hat{S}}\underline{\hat{\boldsymbol{Y}}} + (\underline{\boldsymbol{C}} + \underline{\boldsymbol{C}}^*) \times \underline{\boldsymbol{X}} + (\underline{\hat{\boldsymbol{C}}} + \underline{\hat{\boldsymbol{C}}}^*) \times \underline{\hat{\boldsymbol{X}}} - \underline{\dot{\boldsymbol{L}}}]$$
$$= 0\,.$$

Für $\delta\underline{\boldsymbol{R}}^T$ und $\delta\underline{\boldsymbol{\pi}}$ sind die Ausdrücke (20) und (14) einzusetzen. Das liefert die Gleichung

$$\delta\underline{q}^T \{[\operatorname{diag}\underline{\boldsymbol{z}}' - \operatorname{diag}\underline{\boldsymbol{p}} \times \underline{T}(\underline{\boldsymbol{C}} + \underline{\boldsymbol{C}}^*)]\,\underline{T} \cdot (\underline{\boldsymbol{F}} - \underline{m}\underline{\ddot{\boldsymbol{R}}}) + \operatorname{diag}\underline{\boldsymbol{p}}\,\underline{T} \cdot (\underline{\boldsymbol{M}} - \underline{\dot{\boldsymbol{L}}}) +$$
$$+ \operatorname{diag}\underline{\boldsymbol{z}}' \cdot (\underline{\boldsymbol{X}} + \underline{T}\underline{\hat{S}}\underline{\hat{\boldsymbol{X}}}) + \operatorname{diag}\underline{\boldsymbol{p}} \cdot (\underline{\boldsymbol{Y}} + \underline{T}\underline{\hat{S}}\underline{\hat{\boldsymbol{Y}}}) - \operatorname{diag}\underline{\boldsymbol{p}} \cdot \underline{T}[(\underline{\boldsymbol{C}} + \underline{\boldsymbol{C}}^*)\,\underline{T}\underline{\hat{S}} - (\underline{\hat{\boldsymbol{C}}} + \underline{\hat{\boldsymbol{C}}}^*)] \times \underline{\hat{\boldsymbol{X}}}\} = 0\,. \quad (33)$$

Um zur endgültigen Form der Bewegungsgleichungen zu gelangen, sind nun noch $\underline{\ddot{\boldsymbol{R}}}$ und $\underline{\dot{\boldsymbol{L}}}$ durch bereits bekannte Ausdrücke zu ersetzen. Für $\underline{\ddot{\boldsymbol{R}}}$ gilt (25), und aus (29) folgt

$$\underline{\dot{\boldsymbol{L}}} = \operatorname{diag}\mathfrak{J} \cdot \underline{\dot{\boldsymbol{\omega}}} + \underline{\boldsymbol{V}}$$
$$= \operatorname{diag}\mathfrak{J} \cdot [-\underline{T}^T (\operatorname{diag}\underline{\boldsymbol{p}}^T\underline{\ddot{q}} + \underline{\boldsymbol{f}}) + \dot{\boldsymbol{\omega}}_0\underline{1}_n] + \underline{\boldsymbol{V}}$$

mit der Spaltenmatrix $\underline{\boldsymbol{V}} = [\boldsymbol{V}_1 \cdots \boldsymbol{V}_n]^T$ (s. (30)). Durch Zusammenfassung aller Glieder erhält man damit die endgültige Gleichung

$$\underline{A}\underline{\ddot{q}} = \underline{B} \quad (34)$$

mit den Abkürzungen

$$\underline{A} = [\operatorname{diag}\underline{\boldsymbol{z}}'\underline{T} - \operatorname{diag}\underline{\boldsymbol{p}} \times \underline{T}(\underline{\boldsymbol{C}} + \underline{\boldsymbol{C}}^*)\,\underline{T}] \cdot \underline{m}[\operatorname{diag}\underline{\boldsymbol{z}}'\underline{T} - \operatorname{diag}\underline{\boldsymbol{p}} \times \underline{T}(\underline{\boldsymbol{C}} + \underline{\boldsymbol{C}}^*)\,\underline{T}]^T +$$
$$+ (\operatorname{diag}\underline{\boldsymbol{p}}\,\underline{T}) \cdot \operatorname{diag}\mathfrak{J} \cdot (\operatorname{diag}\underline{\boldsymbol{p}}\,\underline{T})^T\,, \quad (35)$$

$$\underline{B} = [\operatorname{diag}\underline{\boldsymbol{z}}'\underline{T} - \operatorname{diag}\underline{\boldsymbol{p}} \times \underline{T}(\underline{\boldsymbol{C}} + \underline{\boldsymbol{C}}^*)\,\underline{T}] \cdot (\underline{m}\underline{\boldsymbol{U}} - \underline{\boldsymbol{F}}) + \operatorname{diag}\underline{\boldsymbol{p}}\,\underline{T} \cdot [-\operatorname{diag}\mathfrak{J} \cdot (\underline{T}^T\underline{\boldsymbol{f}} - \dot{\boldsymbol{\omega}}_0\underline{1}_n) + \underline{\boldsymbol{V}} - \underline{\boldsymbol{M}}] -$$
$$- \operatorname{diag}\underline{\boldsymbol{z}}' \cdot (\underline{\boldsymbol{X}} + \underline{T}\underline{\hat{S}}\underline{\hat{\boldsymbol{X}}}) - \operatorname{diag}\underline{\boldsymbol{p}} \cdot (\underline{\boldsymbol{Y}} + \underline{T}\underline{\hat{S}}\underline{\hat{\boldsymbol{Y}}}) +$$
$$+ \operatorname{diag}\underline{\boldsymbol{p}}\,\underline{T} \cdot [(\underline{\boldsymbol{C}} + \underline{\boldsymbol{C}}^*)\,\underline{T}\underline{\hat{S}} - (\underline{\hat{\boldsymbol{C}}} + \underline{\hat{\boldsymbol{C}}}^*)] \times \underline{\hat{\boldsymbol{X}}}\,. \quad (36)$$

Man erkennt, daß die Matrix $\underline{A}$ symmetrisch ist und explizit von den generalisierten Koordinaten und der Zeit abhängt. Die Matrix $\underline{B}$ hängt explizit von den generalisierten Koordinaten und Geschwindigkeiten und der Zeit ab und außerdem im Zusammenhang mit $\underline{\hat{\boldsymbol{C}}}^*$, $\underline{\hat{\boldsymbol{X}}}$ und $\underline{\hat{\boldsymbol{Y}}}$ von weiteren Größen. In $\underline{\hat{\boldsymbol{C}}}^*$ sind es die Vektoren $\hat{\boldsymbol{z}}_a$ $(a = n+1, \dots, n+\hat{n})$. Die Kraft $\hat{\boldsymbol{X}}_a$ und das Moment $\hat{\boldsymbol{Y}}_a$ $(a = n+1, \dots, n+\hat{n})$ sind zunächst explizit als Funktionen der Lage und Bewegung der Körper Nr. $i^+(a)$ und $i^-(a)$ relativ zueinander bekannt. Zur Beschreibung der relativen Lage der Körper wurde bereits $\hat{\boldsymbol{z}}_a$ eingeführt. Außerdem wird dazu die Transformationsmatrix $\underline{\hat{G}}_a$ mit der Definitionsgleichung

$$\underline{\boldsymbol{e}}^{(i^-(a))} = \underline{\hat{G}}_a\underline{\boldsymbol{e}}^{(i^+(a))}\,, \qquad a = n+1, \dots, n+\hat{n}$$

benötigt. Die relative Bewegung wird durch die zeitliche Ableitung $\mathring{\hat{z}}_a$ von $\hat{z}_a$ in der Basis $\underline{e}^{(i^+(a))}$ und durch die relative Winkelgeschwindigkeit

$$\hat{\Omega}_a = \boldsymbol{\omega}_{i^-(a)} - \boldsymbol{\omega}_{i^+(a)}\,, \qquad a = n+1, \dots, n+\hat{n} \tag{37}$$

beschrieben. Die Definitionen von $\hat{\underline{G}}_a$, $\mathring{\hat{z}}_a$ und $\hat{\boldsymbol{\Omega}}_a$ entsprechen denen von $\underline{G}_a$, $\mathring{z}_a$ und $\boldsymbol{\Omega}_a$ für die Gelenke Nr. 1, ..., n. Die Größen $\hat{z}_a$, $\mathring{\hat{z}}_a$, $\hat{\underline{G}}_a$ und $\hat{\boldsymbol{\Omega}}_a$ $(a = n+1, \dots, n+\hat{n})$ müssen noch explizit als Funktionen der generalisierten Koordinaten und Geschwindigkeiten und der Zeit ausgedrückt werden, damit das System von Bewegungsgleichungen geschlossen ist. In dem Ausdruck für $\hat{z}_a$ spielen die Elemente der Matrizen $\underline{C}_0\underline{T}$ und $\underline{CT}$ eine besondere Rolle. Die von $\underline{C}_0\underline{T}$ wurden im Zusammenhang mit (18) $\boldsymbol{d}_{0j}$ $(j = 1, \dots, n)$ genannt und als körperfeste Vektoren auf dem Körper Nr. 0 interpretiert. Sei nun in analoger Weise

$$\boldsymbol{d}_{ij} = (\underline{CT})_{ij} = \sum_{a=1}^{n} S_{ia} T_{aj} \boldsymbol{c}_{ia}\,, \qquad i, j = 1, \dots, n\,.$$

Für einen bestimmten Wert von i liegen alle Vektoren $\boldsymbol{c}_{ia}$ auf dem Körper Nr. i fest. Also gilt das auch für $\boldsymbol{d}_{ij}$. Zu der Summe tragen nur die Indizes der Kanten u_a im gerichteten Graph des aufgeschnittenen Systems bei, die erstens zu der einfachen Kette zwischen s_0 und s_j gehören und die zweitens mit s_i inzidieren. Im Fall $s_i \not\leqq s_j$ ist das gar keine Kante, so daß $\boldsymbol{d}_{ij} = 0$ ist. Im Fall $s_i < s_j$ sind es genau zwei Kanten, und im Fall $s_i = s_j$ ist es genau eine. Seien u_b und u_c die ausgezeichneten Kanten im Fall $s_i < s_j$. Sie sind in Abb. 8a dargestellt. Die Abbildung zeigt einen Ausschnitt des gerichteten Graphen mit den Knoten s_0, s_i und s_j. Die einfachen Ketten zwischen den Knoten sind gestrichelt. Die Kanten u_b und u_c können beliebige Richtungssinne haben. Davon unabhängig ist $S_{ib}T_{bj} = +1$, $S_{ic}T_{cj} = -1$. Also ist $\boldsymbol{d}_{ij} = \boldsymbol{c}_{ib} - \boldsymbol{c}_{ic}$. Die drei Vektoren $\boldsymbol{d}_{ij}$, $\boldsymbol{c}_{ib}$ und $\boldsymbol{c}_{ic}$ sind in Abb. 8b dargestellt. Sie zeigt analog zum Ausschnitt des gerichteten Graphen den Ausschnitt des Vielkörpersystems mit den Körpern Nr. 0, Nr. i und Nr. j. Als letzter wird der Fall $s_i = s_j$ betrachtet. Bei ihm treten an die Stelle der Abbildungen 8a, b die Abbildungen 9a, b. Die einzige zu $\boldsymbol{d}_{ij}$ beitragende Kante wird darin u_b genannt. Mit derselben Begründung wie vorher erhält man jetzt das Ergebnis $\boldsymbol{d}_{ij} = \boldsymbol{c}_{ib}$. Damit sind die Eigenschaften der Vektoren $\boldsymbol{d}_{ij}$ für alle Indexkombinationen $i, j = 1, \dots, n$ geklärt.

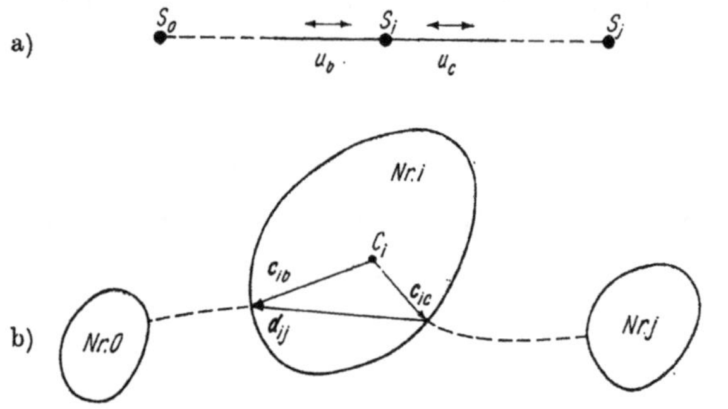

Abb. 8. Zur Erklärung von $\boldsymbol{d}_{ij}$ im Fall $s_i < s_j$. Der wesentliche Ausschnitt des Systemgraphen (Abb. 8a) und der entsprechende Ausschnitt des Vielkörpersystems (Abb. 8b)

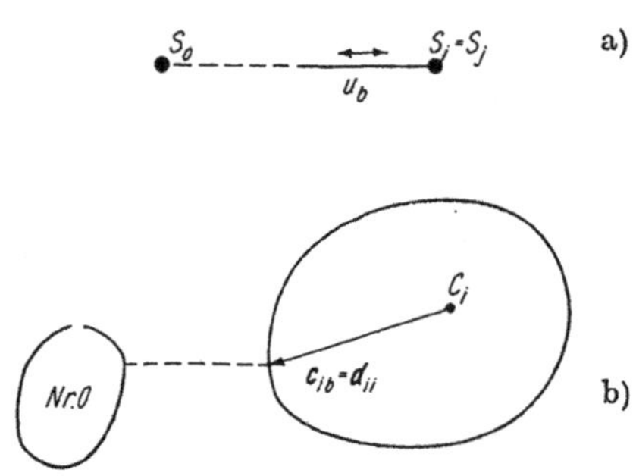

Abb. 9. Zur Erklärung von $\boldsymbol{d}_{ii}$

Jetzt sind die Voraussetzungen geschaffen, um $\hat{z}_a$ durch die generalisierten Koordinaten darzustellen. Analog zu (16) gilt

$$\hat{z}_a = -(\boldsymbol{R}_{i^+(a)} + \hat{\boldsymbol{c}}_{i^+(a)a}) + (\boldsymbol{R}_{i^-(a)} + \hat{\boldsymbol{c}}_{i^-(a)a})\,, \qquad a = n+1, \dots, n+\hat{n}\,.$$

Für die darin enthaltenen Radiusvektoren liefert (18) die Beziehung

$$\boldsymbol{R}_i = \begin{cases} \boldsymbol{R}_0, & i = 0\,, \\ \boldsymbol{R}_0 - \sum\limits_{j=0}^{n} \boldsymbol{d}_{ji} - \sum\limits_{b=1}^{n} T_{bi} \boldsymbol{z}_b\,, & i = 1, \dots, n\,. \end{cases}$$

Wenn man noch die Größen

$$\boldsymbol{d}_{i0} = 0, \quad i = 0, \dots, n\,, \qquad T_{b0} = 0, \quad b = 1, \dots, n$$

einführt, ist allgemein

$$\boldsymbol{R}_i = \boldsymbol{R}_0 - \sum_{j=0}^{n} \boldsymbol{d}_{ji} - \sum_{b=1}^{n} T_{bi} \boldsymbol{z}_b\,, \qquad i = 0, \dots, n\,.$$

Damit erhält man das gewünschte Ergebnis in der Form

$$\hat{z}_a = \sum_{j=0}^{n} (\boldsymbol{d}_{ji^+(a)} - \boldsymbol{d}_{ji^-(a)}) + \sum_{b=1}^{n} (T_{bi^+(a)} - T_{bi^-(a)})\,\boldsymbol{z}_b + \hat{\boldsymbol{c}}_{i^-(a)a} - \hat{\boldsymbol{c}}_{i^+(a)a}\,, \quad a = n+1, \dots, n+\hat{n}\,. \tag{38}$$

Auf der rechten Seite stehen nur körperfeste Vektoren und Gelenkvektoren von nicht aufgeschnittenen Gelenken. Zur Berechnung ihrer Koordinaten in beliebigen Vektorbasen als Funktionen der generalisierten Koordinaten und der Zeit stehen alle erforderlichen Gleichungen zur Verfügung. Die zeitliche Ableitung von $\hat{z}_a$ in der Basis $\underline{e}^{(i^+(a))}$ und die absolute zeitliche Ableitung $\dot{\hat{z}}_a$ sind durch die Gleichung

$$\mathring{\hat{z}}_a = \dot{\hat{z}}_a - \omega_{i^+(a)} \times \hat{z}_a\,, \qquad a = n+1, \dots, n+\hat{n}$$

verknüpft. Darin ist wegen (38)

$$\dot{\hat{z}}_a = \sum_{j=0}^{n} \omega_j \times (d_{ji^+(a)} - d_{ji^-(a)}) + \sum_{b=1}^{n} (T_{bi^+(a)} - T_{bi^-(a)})\,(\dot{z}_b + \omega_{i^+(b)} \times z_b) +$$
$$+ \omega_{i^-(a)} \times \hat{c}_{i^-(a)a} - \omega_{i^+(a)} \times \hat{c}_{i^+(a)a}\,, \qquad a = n+1, \dots, n+\hat{n}\,.$$

Auch in diesen Ausdrücken sind die Koordinaten aller Vektoren in beliebigen Vektorbasen als Funktionen der generalisierten Koordinaten und Geschwindigkeiten und der Zeit bekannt. Als nächste Größe wird die Transformationsmatrix $\underline{\hat{G}}_a$ dargestellt. Mit (26) gilt

$$\underline{\hat{G}}_a = (\underline{A}^{i^-(a)})^T \underline{A}^{i^+(a)}\,, \qquad a = n+1, \dots, n+\hat{n}\,.$$

Die rechte Seite der Gleichung ist eine bekannte Funktion der generalisierten Koordinaten und der Zeit. Die relative Winkelgeschwindigkeit $\hat{\Omega}_a$ hat mit (37) bereits die gewünschte Form, denn die absoluten Winkelgeschwindigkeiten auf der rechten Seite der Gleichung sind bekannte Funktionen der generalisierten Koordinaten und Geschwindigkeiten und der Zeit. Die Bewegungsgleichungen (34) stellen nun ein geschlossenes Gleichungssystem dar.

Abschließend werden Zusammenhänge geschildert, die die numerische Bearbeitung der Bewegungsgleichungen sehr vereinfachen. Sie sind vor allem dann von Bedeutung, wenn alle Gelenke Nr. $1, \dots, n$ Kugel-, Kreuz- oder Drehgelenke sind (s. die Bedingung (b) in der Einleitung). Dann kann man die Gelenkpunkte auf den Körpern so festlegen, daß $z_a \equiv 0$ $(a = 1, \dots, n)$ ist. Folglich ist auch $\underline{C}^* = \underline{0}$. Damit reduziert sich das erste Glied von $\underline{A}$ in (35) auf den Ausdruck

$$(\operatorname{diag} \underline{p} \cdot \underline{TCT}) \times \underline{m}\, (\operatorname{diag} \underline{p} \times \underline{TCT})^T\,. \tag{39}$$

Im folgenden wird weiterhin vorausgesetzt, daß von den Gelenken Nr. $1, \dots, n$ nur ein einziges auf dem Körper Nr. 0 liegt. Im Beispiel von Abb. 2 ist das nicht der Fall. Man hätte aber im System von Abb. 1 andere Gelenke ohne kinematische Bindungen — z. B. Nr. 5 und Nr. 9 — schneiden und damit die Bedingung erfüllen können. Ein doppeltes Vektorkreuzprodukt läßt sich als Skalarprodukt einer Dyade mit einem Vektor darstellen. Wenn man diese Darstellung beim Ausmultiplizieren der Matrizen in (39) für alle doppelten Vektorprodukte wählt und dann wieder zur Matrizenschreibweise zurückkehrt, nimmt der Ausdruck die Form an

$$(\operatorname{diag} \underline{p}\, \underline{T}) \cdot \underline{\mathfrak{P}} \cdot (\operatorname{diag} \underline{p}\, \underline{T})^T\,.$$

Darin ist $\underline{\mathfrak{P}}$ eine $(n \times n)$-Matrix, deren Elemente die Dyaden

$$\mathfrak{P}_{ij} = \sum_{k=1}^{n} m_k (d_{jk} d_{ik} - d_{jk} \cdot d_{ik}\, \mathfrak{E})\,, \qquad i, j = 1, \dots, n$$

sind ($\mathfrak{E}$ ist die Einheitsdyade). Mit dem ersten Glied von $\underline{A}$ in (35) wird das zusammengefaßt zu dem Ausdruck

$$(\operatorname{diag} \underline{p}\, \underline{T}) \cdot \underline{\mathfrak{K}} \cdot (\operatorname{diag} \underline{p}\, \underline{T})^T\,.$$

Darin ist $\underline{\mathfrak{K}}$ eine $(n \times n)$-Matrix mit den Elementen

$$\mathfrak{K}_{ij} = \begin{cases} \mathfrak{J}_i - \mathfrak{P}_{ii} & \text{für } i = j\,, \\ \quad - \mathfrak{P}_{ij} & \text{für } i \neq j\,, \end{cases} \qquad i, j = 1, \dots, n\,. \tag{40}$$

Sie können weiter vereinfacht werden, wenn man den Begriff des erweiterten Körpers einführt. Zu jedem Körper Nr. i $(i = 1, \dots, n)$ des Systems wird nach der folgenden Vorschrift ein neuer sog. erweiterter Körper konstruiert. An der Spitze jedes Vektors c_{ia} $(a = 1, \dots, n)$ auf dem Körper Nr. i befestigt man als Punktmassen die Massen aller Körper (außer Körper Nr. 0), die im aufgeschnittenen System über das betreffende Gelenk Nr. a unmittelbar oder mittelbar mit dem Körper Nr. i verbunden sind. Alle erweiterten Körper sind starre Körper mit der Masse M des gesamten Systems. Der erweiterte Körper Nr. i hat einen Massenmittelpunkt, der i. a. nicht mit dem des ursprünglichen Körpers zusammenfällt. Er wird sein Baryzentrum genannt. Auf dem erweiterten Körper Nr. i werden körperfeste Vektoren b_{ij} $(j = 0, \dots, n)$ definiert. Sie gehen vom Baryzentrum aus und weisen im Fall $i = j$ zum Massenmittelpunkt C_i und im Fall $i \neq j$ zum Endpunkt desjenigen Vektors c_{ia}, der im aufgeschnittenen System unmittelbar oder mittelbar zum Körper Nr. j führt (Abb. 10). Aus dieser Definition folgt, daß es i. a. weniger voneinander verschiedene Vektoren b_{ij} als Indexkombinationen i, j gibt. Die Vektoren erfüllen die Bedingung

$$\sum_{j=1}^{n} b_{ij} m_j = 0, \qquad i = 1, \dots, n\,. \tag{41}$$

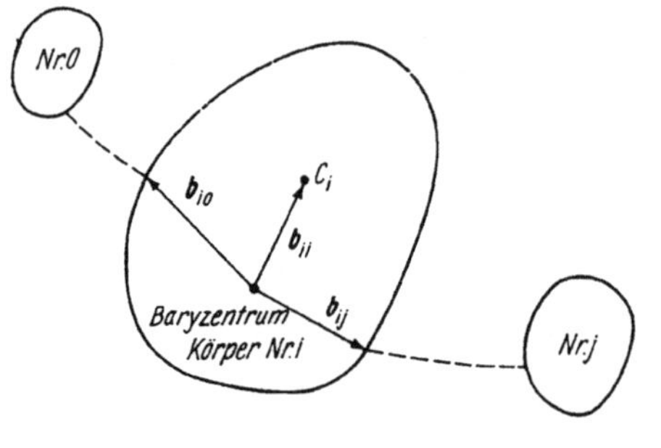

Abb. 10. Das Baryzentrum und die Vektoren b_{ij} $(j = 0, \dots, n)$ auf dem Körper Nr. i $(i = 1, \dots, n)$

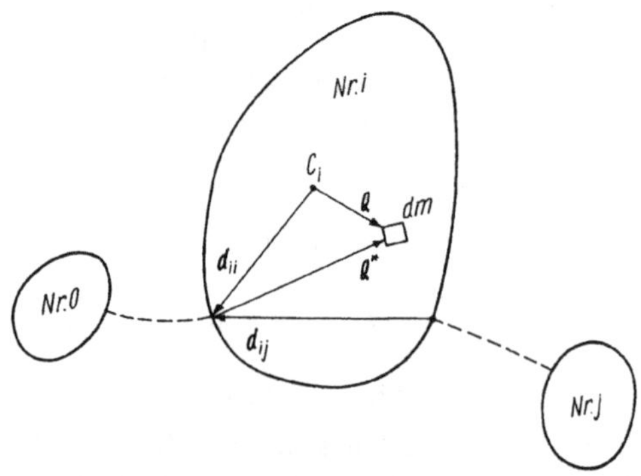

Abb. 11. Hilfsgrößen zur Berechnung der Trägheitsdyade des erweiterten Körpers Nr. i bezüglich des Gelenkpunktes an der Spitze von d_{ii}

Zwischen den Vektoren $\boldsymbol{b}_{ij}$ und $\boldsymbol{d}_{ij}$ besteht die leicht nachprüfbare Beziehung

$$\boldsymbol{d}_{ij} = \boldsymbol{b}_{i0} - \boldsymbol{b}_{ij}\,, \qquad i, j = 1, \dots, n\,. \tag{42}$$

In Abb. 11 ist der Körper Nr. i dargestellt. Besonders hervorgehoben ist derjenige Gelenkpunkt, der im aufgeschnittenen System unmittelbar oder mittelbar zum Körper Nr. 0 führt. Alle Vektoren $\boldsymbol{d}_{ij}$ für $j = 1, \dots, n$ zeigen zu diesem Punkt. Der erweiterte Körper Nr. i hat bezüglich dieses Punktes die Trägheitsdyade

$$\int_{m_i} (\boldsymbol{\varrho}^* \cdot \boldsymbol{\varrho}^* \mathfrak{E} - \boldsymbol{\varrho}^* \boldsymbol{\varrho}^*)\, \mathrm{d}m + \sum_{\substack{k=1\\ \neq i}}^{n} m_k\, (\boldsymbol{d}_{ik} \cdot \boldsymbol{d}_{ik} \mathfrak{E} - \boldsymbol{d}_{ik} \boldsymbol{d}_{ik})\,. \tag{43}$$

Darin ist das Integral der Beitrag der verteilten Masse des (nicht erweiterten) Körpers Nr. i, und die Summe über $k \neq i$ enthält die Beiträge der $n - 1$ am Körper befestigten Punktmassen. Der Radiusvektor des Massenelementes $\mathrm{d}m$ vom Massenmittelpunkt C_i aus heißt $\boldsymbol{\varrho}$. Es gilt $\boldsymbol{\varrho}^* = \boldsymbol{\varrho} - \boldsymbol{d}_{ii}$. Damit nimmt der Ausdruck (43) die Form an

$$\int_{m_i} (\boldsymbol{\varrho} \cdot \boldsymbol{\varrho} \mathfrak{E} - \boldsymbol{\varrho} \boldsymbol{\varrho})\, \mathrm{d}m + \sum_{k=1}^{n} m_k (\boldsymbol{d}_{ik} \cdot \boldsymbol{d}_{ik} \mathfrak{E} - \boldsymbol{d}_{ik} \boldsymbol{d}_{ik})\,.$$

Das Integral ist die Trägheitsdyade $\mathfrak{J}_i$ des Körpers bezüglich C_i. Der gesamte Ausdruck ist mit $\mathfrak{K}_{ii}$ in (40) identisch. Die Diagonalelemente der Matrix $\underline{\mathfrak{K}}$ sind also die Trägheitsdyaden der erweiterten Körper bezüglich ihrer im aufgeschnittenen System zum Körper Nr. 0 führenden Gelenkpunkte. In der körperfesten Basis $\underline{e}^{(i)}$ hat $\mathfrak{K}_{ii}$ konstante Maßzahlen (Trägheits- und Deviationsmomente). Sie brauchen bei Anwendungen der Gleichungen auf konkrete Systeme von Körpern nur einmal numerisch berechnet zu werden. Eine ähnlich einfache Interpretation ist für die Elemente $\mathfrak{K}_{ij} = -\mathfrak{P}_{ij}$ mit $i \neq j$ möglich. Man muß zwischen den drei Fällen $s_i < s_j$, $s_j < s_i$ und (weder $s_i < s_j$ noch $s_j < s_i$) unterscheiden. Nach den Aussagen über die physikalische Bedeutung der Vektoren $\boldsymbol{d}_{ij}$ weiter oben gilt folgendes. Im Fall $s_i < s_j$ liefern nur die Indizes k derjenigen Knoten s_k einen Beitrag zu der Summe, für die $s_j \leqq s_k$ ist (für alle anderen ist $\boldsymbol{d}_{jk} = 0$). Für diese ist $\boldsymbol{d}_{ik} = \boldsymbol{d}_{ij}$ unabhängig von k. Entsprechend liefern im Fall $s_i < s_j$ nur die Knoten mit $s_i \leqq s_k$ einen Beitrag, und für sie ist $\boldsymbol{d}_{jk} = \boldsymbol{d}_{ji}$ unabhängig von k. Im dritten Fall ist für alle $k = 1, \dots, n$ wenigstens einer der Vektoren $\boldsymbol{d}_{ik}$ und $\boldsymbol{d}_{jk}$ gleich Null. Damit ergibt sich

$$\mathfrak{K}_{ij} = \begin{cases} \sum\limits_{k:\, s_j \leqq s_k} m_k (\boldsymbol{d}_{jk} \cdot \boldsymbol{d}_{ij} \mathfrak{E} - \boldsymbol{d}_{jk} \boldsymbol{d}_{ij}) & \text{für } s_i < s_j\,, \\ \sum\limits_{k:\, s_i \leqq s_k} m_k (\boldsymbol{d}_{ji} \cdot \boldsymbol{d}_{ik} \mathfrak{E} - \boldsymbol{d}_{ji} \boldsymbol{d}_{ik}) & \text{für } s_j < s_i\,, \\ 0 & \text{sonst (aber } i \neq j) \end{cases} \qquad i, j = 1, \dots, n\,. \tag{44}$$

Das Symbol $\sum\limits_{k:}$ kennzeichnet eine Summe über alle Werte von k, die die hinter dem Doppelpunkt angegebene Bedingung erfüllen. Die weitere Vereinfachung wird am Beispiel des Ausdrucks für $s_i < s_j$ erklärt. Wenn man $\boldsymbol{d}_{jk}$ nach (42) durch $\boldsymbol{b}_{j0} - \boldsymbol{b}_{jk}$ ersetzt, nimmt er die Form an

$$\sum_{k:\, s_j \leqq s_k} m_k (\boldsymbol{b}_{j0} \cdot \boldsymbol{d}_{ij} \mathfrak{E} - \boldsymbol{b}_{j0} \boldsymbol{d}_{ij}) - \sum_{k:\, s_j \leqq s_k} m_k (\boldsymbol{b}_{jk} \cdot \boldsymbol{d}_{ij} \mathfrak{E} - \boldsymbol{b}_{jk} \boldsymbol{d}_{ij})\,. \tag{45}$$

Auf das zweite Glied wird die Identität $\sum\limits_{k:\, s_j \leqq s_k} = \sum\limits_{k=1}^{n} - \sum\limits_{k:\, s_j \nleqq s_k}$ angewendet. Die Summe über $k = 1, \dots, n$ verschwindet wegen (41). In der Summe über $k\colon s_j \nleqq s_k$ ist $\boldsymbol{b}_{jk}$ mit $\boldsymbol{b}_{j0}$ identisch. Damit nimmt der Ausdruck in (45) die Gestalt an

$$\sum_{k=1}^{n} m_k (\boldsymbol{b}_{j0} \cdot \boldsymbol{d}_{ij} \mathfrak{E} - \boldsymbol{b}_{j0} \boldsymbol{d}_{ij}) = M (\boldsymbol{b}_{j0} \cdot \boldsymbol{d}_{ij} \mathfrak{E} - \boldsymbol{b}_{j0} \boldsymbol{d}_{ij})\,.$$

In entsprechender Weise geht man in (44) im Fall $s_j < s_i$ vor. Das Ergebnis lautet schließlich

$$\mathfrak{K}_{ij} = \left\{\begin{matrix} M(\boldsymbol{b}_{j0} \cdot \boldsymbol{d}_{ij}\mathfrak{E} - \boldsymbol{b}_{j0}\boldsymbol{d}_{ij}) & \text{für } s_i < s_j\,, \\ M(\boldsymbol{d}_{ji} \cdot \boldsymbol{b}_{i0}\mathfrak{E} - \boldsymbol{d}_{ji}\boldsymbol{b}_{i0}) & \text{für } s_j < s_i\,, \\ 0 & \text{sonst (aber } i \neq j) \end{matrix}\right\} \qquad i, j = 1, \dots, n\,.$$

6. Nichtholonome Bindungen

Die Bewegungsgleichungen (34) berücksichtigen beliebige skleronome und rheonome holonome Bindungen in den Gelenken Nr. 1 bis n. Sie haben sich aus der Gleichung (33) ergeben, die man auch in der Kurzform

$$\delta \underline{q}^T(\underline{A}\ddot{\underline{q}} - \underline{B}) = 0 \tag{46}$$

mit den Matrizen $\underline{A}$ und $\underline{B}$ nach (35) und (36) schreiben kann. Die Variationen aller generalisierten Koordinaten — ihre Anzahl $\sum_{a=1}^{n} n_a$ soll jetzt N heißen — waren bisher unabhängig. Nun sollen $m < N$ beliebige nichtholonome Bindungen eingeführt werden. Der allgemeinste Fall wird durch die Matrizengleichung

$$\underline{D}\dot{\underline{q}} = \underline{0}$$

beschrieben. Darin ist $\underline{D}$ eine $(m \times N)$-Matrix, deren Elemente Funktionen der generalisierten Koordinaten $\underline{q}$, aber nicht der generalisierten Geschwindigkeiten $\dot{\underline{q}}$ sind. Die Gleichungen sind nicht integrierbar, weil sonst die Bindungen holonom wären. Die Formulierung läßt übrigens den Fall zu, daß jede der m nichtholonomen Bindungen beliebige generalisierte Koordinaten und nicht nur die eines bestimmten Gelenks verknüpft. Da die m Bindungsgleichungen voneinander linear unabhängig sein sollen, hat $\underline{D}$ wenigstens eine nichtsinguläre $(m \times m)$-Untermatrix $\underline{D}^{(1)}$. Wenn sie mehrere hat, wird eine beliebige von ihnen $\underline{D}^{(1)}$ genannt. Die $N - m$ nicht zu $\underline{D}^{(1)}$ gehörenden Spalten von $\underline{D}$ bilden die Untermatrix $\underline{D}^{(2)}$. Die Bindungen kann man nun in der Form

$$\underline{D}^{(1)}\dot{\underline{q}}^{(1)} + \underline{D}^{(2)}\dot{\underline{q}}_{(2)} = \underline{0}$$

schreiben. In den Spaltenmatrizen $\dot{\underline{q}}^{(1)}$ und $\dot{\underline{q}}^{(2)}$ stehen diejenigen generalisierten Geschwindigkeiten, deren Indizes die Indizes der Spalten von $\underline{D}^{(1)}$ bzw. $\underline{D}^{(2)}$ in $\underline{D}$ sind. Da $\underline{D}^{(1)}$ nichtsingulär ist, folgt aus dieser Gleichung

$$\dot{\underline{q}}^{(1)} = \underline{P}\dot{\underline{q}}^{(2)} \tag{47}$$

mit

$$\underline{P} = -[\underline{D}^{(1)}]^{-1}\,\underline{D}^{(2)}\,.$$

Diese m Gleichungen und die $N - m$ Identitäten $\dot{\underline{q}}^{(2)} = \dot{\underline{q}}^{(2)}$ werden nun wieder so zusammengestellt, daß auf der linken Seite der Gleichung die Spaltenmatrix $\dot{\underline{q}}$ aller generalisierten Geschwindigkeiten in der ursprünglichen Reihenfolge steht. Das Ergebnis lautet

$$\dot{\underline{q}} = \underline{P}^*\dot{\underline{q}}^{(2)}\,. \tag{48}$$

Darin ist $\underline{P}^*$ eine $[N \times (N - m)]$-Matrix, in der alle Zeilen der Matrix $\underline{P}$ und alle Zeilen der $[(N - m) \times (N-m)]$-Einheitsmatrix stehen. Die Ableitung von (47) nach der Zeit liefert die Beziehung

$$\ddot{\underline{q}}^{(1)} = \underline{P}\ddot{\underline{q}}^{(2)} + \underline{Q}\,. \tag{49}$$

Dabei ist $\underline{Q}$ eine Spaltenmatrix mit den Elementen

$$Q_i = \dot{\underline{q}}^T \underline{P}_i'\dot{\underline{q}}^{(2)} = \dot{\underline{q}}^{(2)T}\underline{P}^{*T}\underline{P}_i'\dot{\underline{q}}^{(2)}\,, \qquad i = 1, \dots, m\,,$$

wobei $\underline{P}_i'$ wiederum eine $[N \times (N - m)]$-Matrix mit den Elementen

$$(\underline{P}_i')_{jk} = \frac{\partial P_{ik}}{\partial q_j}\,, \qquad j = 1, \dots, N;\; k = 1, \dots, N - m$$

ist. Durch Hinzufügen der Identitäten $\ddot{\underline{q}}^{(2)} = \ddot{\underline{q}}^{(2)}$ zu (49) erhält man für die Spaltenmatrix aller generalisierten Beschleunigungen die Gleichung

$$\ddot{\underline{q}} = \underline{P}^*\ddot{\underline{q}}^{(2)} + \underline{Q}^*\,. \tag{50}$$

Darin ist $\underline{P}^*$ dieselbe Matrix wie in (48), und $\underline{Q}^*$ ist eine Spaltenmatrix, in der die m Elemente von $\underline{Q}$ und $N - m$ Nullen stehen. Für die Variationen der generalisierten Koordinaten ergibt sich aus (48)

$$\delta\underline{q} = \underline{P}^*\delta\underline{q}^{(2)}\,. \tag{51}$$

Nur die in $\delta\underline{q}^{(2)}$ enthaltenen Variationen sind unabhängige Größen. Einsetzen von (51) und (50) in die Gleichung (46) liefert die Bewegungsgleichungen

$$\underline{A}^*\ddot{\underline{q}}^{(2)} = \underline{B}^* \tag{52}$$

mit

$$\underline{A}^* = \underline{P}^{*T}\underline{A}\underline{P}^*\,, \quad \underline{B}^* = \underline{P}^{*T}(\underline{B} - \underline{A}\underline{Q}^*)\,.$$

Die Matrizen $\underline{A}$ und $\underline{P}^*$ und damit auch $\underline{A}^*$ hängen nur von den generalisierten Koordinaten $\underline{q}$ ab, $\underline{Q}^*$ außerdem von den generalisierten Geschwindigkeiten $\dot{\underline{q}}^{(2)}$. Auch die Matrix $\underline{B}$ und damit $\underline{B}^*$ hängt nur von $\underline{q}$ und $\dot{\underline{q}}^{(2)}$ ab, weil alle generalisierten Geschwindigkeiten aus $\dot{\underline{q}}^{(1)}$ mit Hilfe von (47) durch $\underline{q}$ und $\dot{\underline{q}}^{(2)}$ ausdrückbar sind. Für die insgesamt $2N - m$ Variablen $\underline{q}$ und $\dot{\underline{q}}^{(2)}$ stehen ebenso viele Differentialgleichungen erster Ordnung zur Verfügung. Mit der Abkürzung $\dot{\underline{q}}^{(2)} = \underline{x}$ lauten sie

$$\underline{A}^*\dot{\underline{x}} = \underline{B}^* \quad (N - m \text{ Gleichungen (52)}), \quad \dot{\underline{q}} = \underline{P}^*\underline{x} \quad (N \text{ Gleichungen (48)}) .$$

Für die Praxis hat der beschriebene Formalismus nur in den Fällen Bedeutung, in denen die Inverse $[\underline{D}^{(1)}]^{-1}$ und die partiellen Ableitungen $\partial P_{ik}/\partial q_j$ $(i = 1, \dots, m;\ j = 1, \dots, N;\ k = 1, \dots, N - m)$ mit erträglichem Aufwand explizit darstellbar sind.

7. Zusammenfassung

Gegenstand der Untersuchung sind Systeme von beliebig vielen starren Körpern mit Gelenkverbindungen, in denen beliebige holonome, nichtholonome, skleronome und rheonome Bindungen für die Relativbewegung der Nachbarkörper vorhanden sind. Die Kopplungsstruktur muß so beschaffen sein, daß man durch das Aufschneiden von Gelenken ohne kinematische Bindungen ein zusammenhängendes System mit Baumstruktur — das sogenannte aufgeschnittene System — erzeugen kann. Für einen einzigen Körper des Systems ist die Lage im Inertialraum als Funktion der Zeit vorgeschrieben. Seine Gelenkverbindungen mit den übrigen Körpern können fehlen, so daß nicht nur gefesselte, sondern auch ungefesselte Systeme betrachtet werden. Für alle Gelenke des aufgeschnittenen Systems werden beliebige generalisierte Koordinaten zur Beschreibung der Relativbewegung der Nachbarkörper gewählt. Ihre Zahl ist gleich der Gesamtzahl der Freiheitsgrade der Bewegung des ganzen Systems. Die Struktur des Systems wird durch die Inzidenzmatrix des gerichteten Graphen für das Gesamtsystem und durch die Inverse einer Untermatrix der Inzidenzmatrix des gerichteten Graphen des aufgeschnittenen Systems beschrieben. Die Differentialgleichungen der räumlichen Bewegung werden aus dem D'ALEMBERTschen Prinzip entwickelt.

Literatur

1 FISCHER, O., Theoretische Grundlagen für eine Mechanik der lebenden Körper, Teubner Verl., Leipzig 1906.
2 HOOKER, W. W., MARGOULIS, G., The Dynamical Attitude Equations for an n-Body Satellite, J. Astronaut. Sci. 12 (1965) 123—128.
3 ROBERSON, R. E., WITTENBURG, J., A Dynamical Formalism for an Arbitrary Number of Interconnected Rigid Bodies, With Reference to the Problem of Satellite Attitude Control, 3rd IFAC Congr., London 1966.
4 HOOKER, W. W., A Set of r Dynamical Attitude Equations for an Arbitrary n-Body Satellite Having r Degrees of Freedom, AIAA J. 8, S. 1205—1207 (1970).
5 ROBERSON, R. E., A Form of the Translational Dynamical Equations for Relative Motion in Systems of Many Non-Rigid Bodies, Acta Mech. 14, S. 297—308 (1972).
6 WITTENBURG, J., Automatic Construction of Non-Linear Equations of Motion for Systems With Many Degrees of Freedom, Euromech 38 Colloquium, Springer Verl. Berl. Heid. N.Y. 1974.
7 OSSENBERG-FRANZES, F. W., Bewegungsgleichungen von Mehrkörpersystemen unter Berücksichtigung translatorischer und rotatorischer Differenzbewegungen, Diss. Techn. Univ. München (1972).
8 BOLAND, PH., SAMIN, J. C., WILLEMS, P. Y., On the Stability of Interconnected Deformable Bodies, Euromech 38 Colloquium, Springer Verl. Berl. Heid. N.Y. 1974.
9 WITTENBURG, J., Stoßvorgänge in räumlichen Mechanismen, eine Analogie zwischen Kreiseldynamik und Elastostatik, Acta Mech. 14, S. 309—330 (1972).
10 WITTENBURG, J., The Dynamics of Systems of Coupled Rigid Bodies, A New General Formalism With Applications, Centro Intern. Matematico Estivo (CIME), I Ciclo 1971, Bressanone, Edizione Cremonese, Roma 1972.

Eingereicht am 11. 4. 1975

Anschriften: Dr. LÜBOMIR LILOV, Bulgarische Akademie der Wissenschaften, Institut für Mathematik und Mechanik mit Rechenzentrum, Sofia 13, ul. 36, bl. 8, Bulgarien —
Prof. Dr.-Ing. JENS WITTENBURG, Technische Universität Hannover, Institut für Mechanik, 3 Hannover, Appelstr. 24B, BRD

ZAMM 57, 153 – 164 (1977)

HERBERT BECKERT

Zur zweiten und dritten Randwertaufgabe in der nichtlinearen Hyperelastizitätstheorie

In der vorliegenden Arbeit wird die in einer früheren Untersuchung des Verfassers [2] entwickelte konstruktive Methode zur strengen Beschreibung endlicher Deformationen in der nichtlinearen Elastizitätstheorie von der ersten auf die zweite und dritte Randwertaufgabe übertragen. Zunächst wird die Deformation approximativ über ein Differenzenverfahren entlang des Datenweges beschrieben und anschließend die Konvergenz bewiesen. Da im Falle der zweiten Randwertaufgabe der entspannte Zustand einem Randpunkt des Stabilitätsbereichs im Funktionalraum der Spannungskomponenten entspricht, wird eine $H_{1,2} \ominus V_6$-Theorie entwickelt, um gegebenenfalls die Deformation zu stabilisieren. Die Methode läßt sich auf sehr allgemeine Strukturen der Hyperelastizitätstheorie ausdehnen.

In this paper I generalize the constructive method for describing finite deformations in nonlinear elasticity, represented in my work [2] from the first to the second and third boundary value problem. Firstly the deformation is described approximately along the data curve by solving linear boundary value problems for the corresponding Jacobi systems. A strict convergence proof is given for this procedure. As in the case of the second boundary value problem the undeformed state corresponds to a boundary point of the region of stability in the functional space of the stress components, an $H_{1,2} \ominus V_6$-theory is introduced for stabilizing the deformation, if necessary. The method can be extended to general structures of hyperelasticity.

В предлагаемой работе развитый автором в более раннем исследовании конструктивный метод для строгого описания конечных деформаций в нелинейной теории упругости переносится с первой краевой задачи на вторую и третью краевые задачи. Сначала деформация аппроксимативно описывается с помощью некоторого метода конечных разностей вдоль пути значений и в заключение доказывается сходимость. Так как в случае второй краевой задачи ненапряжённое состояние соответствует некоторой краевой точке области стабилизации в функциональном пространстве компонент напряжения, то развивается некоторая $H_{1,2}$-V_6-теория с целью стабилизации в соответствующем случае деформации. Этот метод возможно распространить на очень обшие структуры теории гиперупругости.

In meiner Arbeit [2] wurde eine neue konstruktive Methode zur Beschreibung endlicher Deformationen in die nichtlineare Elastizitätstheorie eingeführt, wenn längs der Oberfläche S des elastischen Körpers G die zu realisierenden Verschiebungen $\varphi(s) \in C^{2+\mu}(G)$ vorgeschrieben sind (1. Randwertaufgabe), Wir übertragen hier diese Methode auf die zweite und dritte Randwertaufgabe.

Es gelten die folgenden Bezeichnungen:

$C^{k+\mu}(G)$ ist der BANACH-Raum der k-mal über $G + S$ μ-H-stetig differenzierbaren Vektorfunktionen $u(x) = \{u_1, u_2, u_3\}$ mit der üblichen Maximumnorm $||u||_{k+\mu}(G)$, $0 < \mu < 1$.

$H_{1,2}(G)$ bezeichnet den SOBOLEW-Raum aller Vektorfunktionen $u(x)$ über G mit verallgemeinerten starken Ableitungen erster Ordnung und der üblichen Norm $||u||_{1,2}(G)$, ferner $H'_{1,2}(G)$ den entsprechenden SOBOLEW-Raum unter der Einschränkung, daß das Mittel der Verschiebungskomponenten $u_i(x)$ über G verschwindet mit der Norm

$$||u||'_{1,2}(G)\,, \quad ||u||^2_{1,2} = ||u||'^2_{1,2} + ||u||^2_{0,2}\,.$$

Weiter werden SOBOLEW-Räume $\overline{H}^0_{1,2}(G)$ eingeführt, die durch Normabschluß in $H_{1,2}(G)$ aller längs gewisser geschlossener Randkomponenten $S'' \subset S$ verschwindenden Funktionen entstehen. Das Gebiet G gehöre zur Klasse $C^{2+\mu}$, was besagt, daß die Darstellungen der Ränder dieser Klasse angehören. Volumen- und Oberflächenelemente werden durch $\mathrm{d}x$ bzw. $\mathrm{d}s$ abgekürzt.

Über doppelt auftretende Indizes vereinbaren wir zu summieren.

Die sechs-dimensionale Mannigfaltigkeit von Verschiebungen:

$$u_i = a_i + c_{ij}x_j\,; \quad c_{ij} = -c_{ji}\,; \quad a_i,\, i = 1, 2, 3\,, \quad \text{sind beliebige Konstanten,}$$

bezeichnen wir mit V_6. Wir machen die übliche Annahme, daß die vorgeschriebenen Volumenkräfte $X(x_1, x_2, x_3)\,\mathrm{d}x \subset C^\mu$ und Oberflächenkräfte $T(T_1, T_2, T_3)\,\mathrm{d}s \subset C^{1+\mu}$, welche auf ein Volumenelement $\mathrm{d}x$ bzw. Oberflächenelement $\mathrm{d}s$ wirken, sich, verursacht durch die Deformation, nicht ändern unabhängig von Lage und Verzerrung dieser Elemente [14]. Geht man unseren Konvergenzbeweis durch, so erkennt man, daß wir uns von dieser Vereinfachung befreien könnten.

Wird der undeformierte Körper $G + S$ durch die Verschiebung $u(x)$ seiner Punkte $x \in G + S$, bezogen auf ein festes Koordinatensystem, in $G^\lambda + S^\lambda$ deformiert,

$$x_j^\lambda = x_j + u_j(x_k)\,, \quad j = 1, 2, 3\,, \quad x \in G + S\,, \tag{1}$$

so wird die hierdurch *bedingte Zunahme des elastischen Potentials* U durch ein Integral der Gestalt

$$U = \int\limits_G F\left(x, u, \frac{\partial u_i}{\partial x_k}\right) \mathrm{d}x \tag{2}$$

definiert. Die Darstellung (2) setzt allerdings die Unabhängigkeit von U vom gewählten Deformationsweg voraus. Das ist bei großen Verschiebungen und allgemeineren Strukturen nicht mehr zutreffend. Daher wird in der nichtlinearen Hyperelastizitätstheorie ein analytischer Ausdruck (2) für das elastische Potential nur lokale Gültigkeit besitzen. Diese Problematik wird noch dadurch verdeutlicht, daß es nicht gelingt, aus mechanischen, thermodynamischen und geometrischen Prinzipien allein die Dichte F in (2) als Funktion der Verschiebungen u und der Deformationsgrößen explizit herzuleiten.

Was ist bekannt, wenn eine Verschiebung (1) des Körpers $G + S$ zu einem stabilen Gleichgewichtszustand über G^λ führt?

(A) Nach E. TREFFTZ [14] ist der Deformationszustand über $G^\lambda + S^\lambda$ stabil, wenn hierüber die Bedingung:

$$\Delta U > \Delta A \tag{3}$$

erfüllt ist. ΔU ist hier der Zuwachs von U bei einer beliebigen, hinreichend kleinen, mit den äußeren Bedingungen verträglichen Verschiebung $\delta u \in C^1$ der Punkte von $G^\lambda + S^\lambda$ und ΔA die zugehörige Arbeit der äußeren Kräfte, der Volumenkräfte $\lambda X \in C^\mu$ über G^λ und Oberflächenkräfte $\lambda T \in C^{1+\mu}$ längs S^λ — vgl. die folgenden Betrachtungen —

$$\begin{aligned} &\Delta A = \Delta A_1 + \Delta A_2\,, \\ &A_1(\delta u) = \Delta A_1 = \int_{G^\lambda} \lambda X_k \delta u_k \, dx\,, \qquad A_2(\delta u) = \Delta A_2 = \int_{S^\lambda} \lambda T_k \, \delta u_k \, ds\,. \end{aligned} \tag{4}$$

Da in (3) die linearen Terme in δu beiderseits übereinstimmen müssen, gilt: *Ein stabiler Gleichgewichtszustand wird durch die Lösungen des regulären Variationsproblems*

$$U - A \to \text{Min} \tag{5}$$

unter den jeweils vorgeschriebenen Bedingungen dargestellt.

Nach Entwicklung von U:

$$U(u + \delta u) - U(u) = V(u, \delta u) + \tilde{Q}(u; \delta u, \delta u) \tag{6}$$

ergibt (3) die Positivität der gemittelten zweiten Variation von U:

$$\tilde{Q}(u; \delta u, \delta u) > 0\,, \quad \delta u \neq 0 \tag{7}$$

und damit die Regularität des Variationsproblems (5). Stabile Zustände definieren nach (7) schwache Minima von (5). Bei $\delta u \in C^0$ läge ein starkes Minimum vor. Doch wäre diese Erweiterung in (3) für die Definition der Stabilität zu einschränkend, vgl. [6].

(B) Man kann bekanntlich den analytischen Ausdruck für die erste Variation von (5) über G^λ

$$V(u; \delta w) - A(\delta w) = 0 \tag{8}$$

aus mechanischen Prinzipien explizit herleiten:

$$\begin{aligned} &\tfrac{1}{2} \int_{G^\lambda} \sigma^\lambda_{\mu\nu}(x^\lambda) \, \gamma_{\mu\nu} dx^\lambda = \int_{G^\lambda} \lambda X_\nu w_\nu \, dx^\lambda + \int_{S^\lambda} \lambda T_\nu(s^\lambda) \, w_\nu(s^\lambda) \, ds^\lambda\,, \\ &\gamma_{\mu\nu} = \frac{\partial w_\mu}{\partial x^\lambda_\nu} + \frac{\partial w_\nu}{\partial x^\lambda_\mu}; \end{aligned} \tag{9}$$

$\sigma^\lambda_{\mu\nu}(x^\lambda)$ bezeichnet den Spannungstensor im stabilen Gleichgewichtszustand über G^λ, und $w(x^\lambda)$ sind beliebige zulässige Verschiebungen.

(C) In seiner Arbeit [14] leitete E. TREFFTZ den expliziten Ausdruck

$$Q_\lambda(u; w, w) = \frac{1}{2} \int_{G^\lambda} \left[\sigma^\lambda_{\mu\nu}(x^\lambda) \frac{\partial w_h}{\partial x^\lambda_\mu} \frac{\partial w_h}{\partial x^\lambda_\nu} + 2a \right] dx^\lambda \tag{10}$$

für die zweite Variation von U über G^λ her unter der Annahme, daß die Spannungsverteilung $k_{\mu\nu}(x^{\lambda'})$ über einem Nachbarzustand über $G^{\lambda'}$ nach der Verschiebung

$$G^\lambda \to G^{\lambda'}\colon\ x^\lambda + w(x^\lambda) = x^{\lambda'} \tag{11}$$

in die Summe

$$k_{\mu\nu}(x^\lambda) = \sigma^\lambda_{\mu\nu}(x^\lambda) + \tau_{\mu\nu}(x^\lambda) \tag{12}$$

zerlegt werden kann, in der die Zusatzspannung $\tau_{\mu\nu}(x^\lambda)$ nach der linearen Theorie:

$$\tau_{\mu\nu} = \frac{\partial a}{\partial \gamma_{\mu\nu}} \tag{13}$$

berechnet werden kann. $a(w, w)$ ist der bekannte Ausdruck des elastischen Potentials der linearen Elastizitätstheorie.

Die eingangs gemachten Bemerkungen über den Gültigkeitsbereich von U legen es nahe, statt die problematische direkte Konstruktion der Verschiebung in den Endzustand durch Lösung von (5) zu verfolgen, die nichtlineare Deformation entlang des Datenweges selbst zu beschreiben [2]. Wir stützen uns hierbei auf den TREFFTZschen Ausdruck (12) für die zweite Variation des elastischen Potentials nebst den Übergangsrelationen (12) für die Spannungen. Alle unsere Ergebnisse bleiben erhalten, wenn wir an Stelle von (10), (12) als *zweite Variation des elastischen Potentials* eine beliebige positiv definite quadratische Form [2]:

$$Q(u; w, w) = \frac{1}{2} \int_{G^\lambda} A_{i,j,k,l}(\sigma^\lambda_{\mu\nu}, \ldots) \frac{\partial w_i}{\partial x^\lambda_k} \frac{\partial w_j}{\partial x^\lambda_l} \, dx^\lambda \tag{10'}$$

bei entsprechend allgemeinen Vorschriften für die Berechnung der *Zusatzspannungen*

$$\sigma^{l+1}_{\mu\nu}(x^{l+1}) = \sigma^l_{\mu\nu}(x^l) + \varphi_{\mu\nu}\left(\sigma^l_{\mu\nu}, \frac{\partial w^l}{\partial x^l}, \ldots\right) \tag{12'}$$

bei den *Übergängen* $G^l \to G^{l+1}$:

$$x^{l+1} = x^l + w^l(x^l) \tag{14}$$

vorschreiben. Die Koeffizienten in (10′) und die Zusatzspannungen in (12′) dürfen im Sinne der „fading memory Strukturen" in vielfältiger Weise noch von den Spannungsverteilungen der bereits durchlaufenen Zustände abhängen vgl. [2]. Offenbar umfaßt unser allgemeines Modell (10′) (12′) mit dem Fall, in dem wir jeweils bei den Übergängen (14) die Umtransformation der Spannungskomponenten auf die neuen Veränderlichen x^{l+1} auf Grund von (14) berücksichtigen. Außerhalb eines größeren Deformations- und Spannungsbereichs werden die Übergänge des TREFFTZschen Modells (10) (12) unsachgemäß. Dessenungeachtet besitzt das TREFFTZsche Integral (10) für die zweite Variation des elastischen Potentials eines gespannten Körpers G^λ allgemeinere Bedeutung, indem wir die Abhängigkeitscharakteristiken der elastischen Konstanten in der quadratischen Form $a(w, w)$ von der jeweiligen Spannungsverteilung oder noch allgemeiner von denjenigen der bereits durchlaufenen Zustände in Rechnung stellen.

Bei der Übertragung unserer Methode in [2] auf die zweite und dritte Randwertaufgabe führen wir einen Parameter λ ein und verfolgen die Deformation des elastischen Körpers $G + S$ (der Einfachheit halber) entlang des Geradenstücks $\lambda\varphi \times \lambda X \times \lambda T$, $I_1\colon 0 \leqq \lambda \leqq 1$ im BANACH-Raum $C^{2+\mu} \times C^\mu \times C^{1+\mu}$ der vorgeschriebenen Daten. Zur *genäherten* Beschreibung dieser Deformation wird das Intervall I_1 zunächst in die Teilpunktreihe $0 < \lambda_1 < \lambda_2 < \cdots < \lambda_n = 1$, $\Delta\lambda = \lambda_{j+1} - \lambda_j \leqq \varepsilon$ zerlegt. Die zugehörigen Deformationsschritte $G \to G^1 \to G^2 \to \cdots \to G^n$ berechnen wir dann in Analogie zu [2] aus linearen elliptischen Randwertproblemen.

I. Die dritte Randwertaufgabe

Wir wenden zunächst unsere Methode auf die dritte Randwertaufgabe eines elastischen Körpers $G + S$ mehrfachen Zusammenhangs an, wenn längs gewisser geschlossener Randkomponenten S'' die Verschiebungen $\varphi(s) \in C^{2+\mu}$, längs der übrigen S' die Randkräfte $T(s) \in C^{1+\mu}$ vorgeschrieben sind, $S = S'' + S'$. $\varphi(s)$ seien die Randwerte einer vorgegebenen Funktion $\varphi(x) \in C^{2+\mu}(G)$.

Nach der genannten Zerlegung von I_1 wird approximativ die Verschiebung $v^0(x)$ zu $G \to G^1\colon x + v^0(x) = x^1$ aus dem gemischtfreien Variationsproblem

$$J_0(v^0, v^0) = \int_G a(v^0, v^0)\, dx - \lambda_1(X, v^0)_0 - \lambda_1 \int_{S'} T_k(s)\, v^0_k(s)\, ds \to \text{Min}\,, \tag{15}$$

$$\lambda_1\varphi(s) = v^0_j(s), \quad s \in S''\,,$$

berechnet und hiernach das *Spannungsfeld*

$$\sigma^1_{\mu\nu}(x^1) = \tau_{\mu\nu}(x)\,, \qquad \tau_{\mu\nu} = \frac{\partial a(v^0, v^0)}{\partial \gamma_{\mu\nu}}$$

über G^1 definiert. Seien die Deformationen $G \to G^1 \to \cdots \to G^l$ bereits erklärt, so definieren wir induktiv den Übergang

$$G^l \to G^{l+1}\colon \; x^{l+1} = x^l + v^l(x^l) \tag{16}$$

durch die Lösung $v^l(x^l)$ des Variationsproblems:

$$\begin{aligned} J_l(v^l, v^l) &= Q_l(v^l, v^l) - \Delta\lambda(X, v^l)_0 - \Delta\lambda \int_{S'} T_k(s^l)\, v_k(s^l)\, ds^l \to \text{Min}\,, \\ \Delta\varphi^l(s^l) &= v^l_j(s^l)\,, \quad s^l \in S''^l\,, \quad v^l(x^l) \in H_{1,2}(G^l)\,. \end{aligned} \tag{17}$$

Die Randwerte $\varphi^l(x^l)$ entstehen aus $\varphi(x)$ durch Verpflanzung entlang der Kette (16). $Q_l(v^l, v^l)$ ist der analytische Ausdruck (10) für die zweite Variation des elastischen Potentials über G^l, worüber die Spannungsverteilung $\sigma^l_{\mu\nu}(x^l)$ berechnet wurde. Entsprechend (12), (13) bestimmen wir hiernach die Zusatzspannungen $\tau^l_{\mu\nu}(x^l)$ und die neue Spannungsverteilung $\sigma^{l+1}_{\mu\nu}(x^{l+1})$ über G^{l+1}

$$\sigma^{l+1}_{\mu\nu}(x^{l+1}) = \sigma^l_{\mu\nu}(x^l) + \tau^l_{\mu\nu}(x^l)\,. \tag{18}$$

Wir haben hier ohne Beschränkung der Allgemeinheit das Modell von TREFFTZ zugrundegelegt. Zur Lösung der Variationsprobleme (15), (17) formulieren wir die *verallgemeinerte* KORN*sche Ungleichung* [4]:

$$\int_G a(w, w)\, dx \geqq a_1 \|w\|_{1,2}^2, \quad a_1 > 0, \quad w \in \overline{H}_{1,2}^0(G). \tag{19}$$

(19) folgt leicht aus einem bekannten Satz von M. R. HESTENES [9] und der zweiten KORNschen Ungleichung in der Gestalt (46), vgl. die Schlußweise zu (44), (45). *Für alle Spannungsverteilungen* $\sigma_{\mu\nu}$ *in einer hinreichend kleinen Kugel* K_δ: $\|\sigma_{\mu\nu}\| < \delta$ *im* BANACH-Raum $C(\sigma_{\mu\nu})$ *der sechs Spannungskomponenten gilt daher mit einer positiven Konstanten* k_1:

$$Q(w, w) \geqq k_1 \|w\|_{1,2}^2, \quad w \in \overline{H}_{1,2}^0. \tag{20}$$

Der Spannungsbereich $ST \subset C(\sigma_{\mu\nu})$, *worüber die zweite Variation* (20) *über* $\overline{H}_{1,2}^0$ *positiv definit ist, charakterisiert im wesentlichen alle stabilen Zustände des elastischen Systems* ([6], [2]). *Nach* (20) *ist der deformationslose Ausgangszustand innerer Punkt von* ST.

Über ST konstruieren wir etwa über die Unterhalbstetigkeitstheorie [3] zunächst auf Grund von (20) die schwache Lösung $w^l(x^l)$ des Variationsproblems

$$J_l(w^l, w^l) \to \text{Min, über } \overline{H}_{1,2}^0(G^l), \tag{21}$$

d. h. unter homogenen Bedingungen längs S''. Hierzu ist die Abschätzung

$$J_l(w^l, w^l) \geqq k_1 \|w^l\|_{1,2}^2 - k_3 \|w^l\|_{1,2}, \quad w^l(x^l) \in \overline{H}_{1,2}^0(G^l), \tag{22}$$

zu beachten, die aus (20) und der bekannten Abschätzung

$$\|w^l\|_{0,2}(S^l) \leqq k_2 \|w\|_{1,2}(G^l) \tag{23}$$

folgt, k_i sind hier und im folgenden geeignete positive Konstanten. Die Lösung von (17) wird durch den Ansatz:

$$v^l(x^l) = w^l(x^l) - \Delta\lambda\varphi^l(x^l)$$

auf das Variationsproblem

$$Q_l(w^l, w^l) - \Delta\lambda(X, w^l)_0 - 2\Delta\lambda(L_1\varphi^l, w^l)_0 - \Delta\lambda \sum_j \int_{S'} T_k(s^l)\, w^l(s^l)\, ds^l \to \text{Min}, \quad w^l(s^l) = 0, \ s^l \in S''^l \tag{24}$$

für $w^l(x^l)$ zurückgeführt, welches vom Typ (21) ist. L_1 bezeichnet den LAGRANGEschen Operator von (21).

Die über $H_{1,2}(G^l)$ konstruierten Lösungen $v^l(x^l)$ von (17) gehören nach der bekannten Regularitätstheorie positiv definiter Variationsprobleme unter komplementären Randbedingungen unter den Voraussetzungen:

$$S^r \subset C^{2+\mu}; \ \sigma_{\mu\nu}^r(x^r) \subset C^{1+\mu}(G^r + S^r) \cap ST, \quad T_k(s^r) \in C^{1+\mu}; \quad \varphi^r(s^r) \in C^{2+\mu} \tag{25}$$

zu

$$v^r(x^r) \in C^{2+\mu}(G^r + S^r) \quad [1], \tag{26}$$

und daher weiter nach (16) (17) (18)

$$S^{r+1} \in C^{2+\mu}; \quad \sigma_{\mu\nu}^{r+1}(x^{r+1}) \subset C^{1+\mu}(G^{r+1} + S^{r+1}). \tag{27}$$

Wir gelangen also, da keine Regularitätsverluste eintreten, über n Zwischenschritte $l = 0, 1, 2, \ldots, n-1$, zum geforderten Endzustand der vorgeschriebenen Daten $\varphi(s) \times T(s)$ im BANACH-Raum $C^{2+\mu}$, wenn die Deformation ST nicht verläßt und die Gebietsränder S^l nicht gegen mehrfachpunktige Flächen streben.

Von entscheidender Bedeutung für die Zweckmäßigkeit unseres Näherungsverfahrens ist es, daß es wie in [2] bei der Behandlung der ersten Randwertaufgabe gelingt, die Konvergenz für $\varepsilon \to 0$ im BANACH-Raum $C^{2+\mu}(G + S)$ zu beweisen. Dieser Konvergenzbeweis stützt sich auf die fundamentalen Abschätzungen der Lösungen $v^r(x^r)$ der dritten Randwertaufgabe (17) vom SCHAUDERschen Typus in $C^{2+\mu}(G^r + S^r)$

$$\begin{aligned} &\|v^r(x^r)\|_{2+\mu} \leqq \Delta\lambda L(H_{1+\mu}, c \cdot k_1, R_{2+\mu}) \left(A + \|v\|_{0,2}(G^r)\right), \\ &A = \left(\|X\|_\mu + \|T\|_{1+\mu} + \|\varphi\|_{2+\mu}(S'')\right). \end{aligned} \tag{28}$$

Man kann (28), wo die Konstante L von der Normschranke $H_{1+\mu}$ der Spannungskomponenten $\sigma_{\mu\nu}^r(x^r)$ der Elliptizitätskonstanten c, von k_1 in (20) und der $C^{2+\mu}$-Normkonstanten $R_{2+\mu}$ der Randdarstellungen von S^r abhängt, aus den allgemeinen SCHAUDERschen Abschätzungen der Lösungen elliptischer linearer Systeme $2m$-ter Ordnung unter komplementären Randbedingungen im Sinne von AGMON, DOUGLIS, NIRENBERG [1], [1'] entnehmen. Die Komplementarität unserer Randbedingungen folgt rasch aus der Tatsache, daß nach der bekannten Regularitätstheorie stark elliptischer Systeme für die Lösungen $v^r(x^r)$ zu (17) Abschätzungen des Typs (28) in L_p-Normen hergeleitet werden können, die bei Nichtkomplementarität unserer Randbedingungen nicht bestehen könnten [1].

Für unsere Zwecke ist es von Bedeutung, die Norm $\|v^r\|_{0,2}(G^r)$ auf der rechten Seite von (28) zu eliminieren. Wir variieren hierzu (24) mit $\eta^l(x^l) = w^l(x^l)$ und erhalten:

$$2Q_l(w^l, w^l) - \Delta\lambda(X, w^l)_0 - 2\Delta\lambda(L_1\varphi^l, w^l)_0 - \sum_j \Delta\lambda \int_{S_j'} T_k(s^l)\, w_k(s^l)\, ds^l = 0 \tag{29}$$

und weiter nach (20) mit geeigneten Konstanten k_i'

$$2||w^l||^2_{1,2}(G^l) \leqq 2k_1 Q_l(w^l, w^l) \leqq \Delta\lambda k_1' \left((||X||_\mu \, ||w^l||_{0,2} + ||T||_\mu \, ||w^l||_{0,2} \, (S^l) + ||\varphi^l||_2 \, ||w^l||_{0,2}\right)$$

woraus:

$$||w^l||_{1,2}(G^l) \leqq \tfrac{1}{2}k_2' \, \Delta\lambda(||X||_\mu + ||T||_{1+\mu} + ||\varphi||_2) \tag{30}$$

mit einer geeigneten, von $w^l(x^l)$ unabhängigen Konstanten k_2', in welche k_2 eingeht, folgt. Das ergibt für $v^l(x^l)$

$$||v^l||_{0,2}(G^l) \leqq ||v^l||_{1,2} \leqq ||w^l||_{1,2} + ||\varphi^l||_{1,2} \, \Delta\lambda \leqq k_3'(||X||_\mu + ||T||_{1+\mu} + ||\varphi^l||_2) \, \Delta\lambda \tag{31}$$

und nach Einsetzen in (28) schließlich die gewünschte Abschätzung

$$||v^l||_{2+\mu}(G^l) \leqq \Delta\lambda A_l L' \,, \quad A_l = ||X||_\mu(G^l) + ||T||_{1+\mu}(S'^l) + ||\varphi^l||_{2+\mu}(G^l) \tag{32}$$

mit einer neuen, von den bereits genannten Schranken abhängigen Konstanten L'.

Nunmehr ist alles zusammengestellt, um wie in [2] den Konvergenzbeweis für $\varepsilon \to 0$ zu führen. Durch Zusammenfassung der Zwischenschritte (14) folgt für $G + S \to G^r + S^r$ die Abbildung

$$x_k^r = f_k^r(x) \,, \quad x \in G + S \,, \quad k = 1, 2, 3 \,, \tag{33}$$

und die Rekursion

$$x_k^r = f_k^r(x) = f_k^{r-1}(x) + v_k^{r-1}(f_k^{r-1}(x)) \,. \tag{34}$$

Wir postulieren die folgenden Beschränkungen

(V) (a) $\sigma^i_{\mu\nu} \in St_1 \in ST$; b) $||\sigma^i_{\mu\nu}||_{1+\mu} < \hat{H}_{1+\mu}$;

(c) $||f_k^r(x)||_{2+\mu} < F$; (d) $\left|\dfrac{f_k^r(x)}{\partial x_j}\right| > \delta_2 > 0$; (e) $c > \delta_1 > 0$;

mittels den Bereich der Anfangsbedingungen umfassenden Konstanten F, $\hat{H}_{1+\mu}$, δ_2, δ_1. Solange (V) gilt, liegen die $C^{2+\mu}$-Normen der Randdarstellungen $R_{2+\mu}$ von S^r unter einer globalen Zahl $\hat{R}_{2+\mu}$, es existiert daher eine globale Schranke $A > A_l$ nach (V). Wir legen durch (V) die Konstante $L'(\hat{H}_{1+\mu}, \delta_1, \hat{R}_{2+\mu}, k_1) = L^+$ fest und erhalten hierdurch über (V) die Abschätzung:

$$||v^r||_{2+\mu} \leqq \Delta\lambda L^+ A \,. \tag{35}$$

Über Systeme von Majorantendifferentialgleichungen, die wir rekursiv aus (34) herleiten, gelingt es, wörtlich wie in [2] die gleichmäßige Beschränktheit der $C^{2+\mu}$-Normen der Abbildungen (33) unabhängig von der Wahl der Zerlegung längs eines festen Intervalls $I_s: 0 < \lambda \leqq s$ nachzuweisen. Interpolieren wir die Funktionen

$$f_k^r(x) \; D^1 f_k^r(x), \quad D^2 f_k^r(x)$$

zwischen $\lambda_r \leqq \lambda \leqq \lambda_{r+1}$, $0 \leqq r\Delta\lambda \leqq s$, linear, so ergeben sich gleichgradig stetige Funktionenscharen, die nach Auswahl geeigneter Teilfolgen gleichmäßig über $I_s \times G$ im BANACH-Raum $C^{2+\mu}(G + S) \times C^0(I_s)$ gegen Funktionen

$$x_k = f_k(x, \lambda), \quad x \in G + S, \quad 0 \leqq \lambda \leqq s, \quad k = 1, 2, 3 \,, \tag{36}$$

konvergieren, welche die gesuchte Deformation des elastischen Körpers $G + S$ unter den vorgeschriebenen Bedingungen beschreiben. Entsprechendes gilt für die Spannungen $\sigma^\lambda_{\mu\nu}(x^\lambda) = \sigma^\lambda_{\mu\nu}(f(x, \lambda))$, welche in $C^{1+\mu}$ stetig von λ abhängen. Wie in [2] (vgl. III) zeigen wir, daß *in jedem Zwischenzustand* $\{\lambda X, \lambda T, \lambda\varphi\}$, $0 \leqq \lambda \leqq s$, *die erste Variation des auf* G^λ *transformierten Variationsproblems* (5) *verschwindet, wenn der vorgelegte analytische Ausdruck* (10) *von* E. TREFFTZ *die zweite Variation des elastischen Potentials darstellt.* Diese *Gleichgewichtsbedingungen* lauten:

$$V_\lambda(v^\lambda = 0, \, \xi^\lambda) - \lambda(X, \xi^\lambda)_0 - \lambda \int_{S'\lambda} T_k(s^\lambda) \, \xi_k^\lambda(s^\lambda) \, ds^\lambda = 0 \tag{37}$$

für alle $\xi^\lambda \in \overline{H}^\circ(G^\lambda)$. $V_\lambda(v^\lambda, \xi^\lambda)$ bezeichnet die erste Variation des auf G^λ-transformierten elastischen Potentials (vgl. (64) $\cdots$ (70)).

Aus (16) und den Randbedingungen zu (17) ergibt sich die geforderte Verschiebung der Randkomponenten S_j'' während der Deformation. (37) muß mit den bekannten Gleichgewichtsbedingungen (9) bzw. (38) der nichtlinearen Elastizitätstheorie übereinstimmen

$$\frac{\partial}{\partial x^\lambda_\mu} \sigma^\lambda_{\nu\mu} + \lambda X_\nu = 0 \,, \qquad \nu = 1, 2, 3 \,, \tag{38}$$

dasselbe gilt für die aus (37), (38) folgenden freien Bedingungen der Variationsrechnung längs der freien Ränder S_j':

$$N_\nu(\sigma^\lambda_{\nu\mu}) = \sigma^\lambda_{\nu\mu} \cos(n, x^\lambda_\nu) = \lambda T_\nu \,, \qquad \nu = 1, 2, 3 \,. \tag{39}$$

Satz I: *Die über die* JACOBI*schen Randwertprobleme* (17) *und Übergangsrelationen* (18) *nach dem Grenzübergang* $\varepsilon \to 0$ *konstruierte Deformationsschar* (36) *beschreibt die stetige Deformation des elastischen Körpers* $G + S$ *über stabile Gleichgewichtszustände* (37), (38), (39) *in* ST *in Abhängigkeit anwachsender Volumen- und Ober-*

flächenkräfte sowie Randverschiebungen: λX, λT, $\lambda\varphi$, $0 \leqq \lambda \leqq s$, *unter der Voraussetzung, daß in jedem Zwischenzustand die zweite Variation des elastischen Potentials durch* (10) *mit den Übergangsrelationen* (12), (13) *der Spannungen dargestellt wird. Dasselbe gilt ohne Einschränkung bei Zugrundelegung von* (10'), (12') *statt* (10), (12).

Geht man unseren Konvergenzbeweis durch, so folgt wie in [2], daß wir unsere Deformation (36) in Abhängigkeit über sX, sT, $s\varphi$ weiter anwachsender Kräfte und Verschiebungen fortsetzen können bis mindestens einer der folgenden Fälle eintritt:

(a) Der Deformationszustand nähert sich für $\lambda \to s_e$ der Stabilitätsgrenze oder der Elliptizitätskonstante c des Lagrangeschen Systems konvergiert gegen Null.
(b) Mindestens eine der schrittweise errechneten Spannungskomponenten strebt in der $C^{1+\mu}$-Norm gegen Unendlich.
(c) Die Oberfläche unseres elastischen Körpers strebt gegen eine Fläche mit mehrfachen Punkten.

II. Die zweite Randwertaufgabe

Die zweite Randwertaufgabe liegt vor, wenn die Randkomponentenmenge S'' leer ist, d. h. längs sämtlicher geschlossenen Randkomponenten von S die Randkräfte $T(s)$ am Ende der Deformation realisiert werden sollen. Variieren wir (9) mit $w(x^\lambda)$ aus:

$$V_6 \quad a_i + c_{i,j} x_j^\lambda \qquad\qquad - c_{ij} = - c_{ji} \,,$$

a_i sind hierbei beliebige Konstanten — so ergeben sich die *Momentenbedingungen*:

$$\int_{G^\lambda} \mathfrak{x} \times X \,\mathrm{d}x + \int_{S^\lambda} \mathfrak{x} \times T(s) \,\mathrm{d}s = 0 \tag{40}$$

und weiter:

$$\int_{G^\lambda} X_i \,\mathrm{d}x^\lambda + \int_{S^\lambda} T_i(s^\lambda) \,\mathrm{d}s^\lambda = 0 \,, \quad i = 1, 2, 3 \,, \quad \mathfrak{x} = (x_1, x_2, x_3) \,, \tag{41}$$

als *notwendige Gleichgewichtsbedingung*. Wie in der linearen Theorie haben wir deshalb (40), (41) zu Beginn der Deformation über $G + S$ zu fordern. In Übereinstimmung mit unseren Annahmen bleibt dann (41) entlang der Deformation bestehen, während sich das Gesamtdrehmoment des Kräftesystems mit der Deformation verändert.

Da zur Erzielung vollständigen Gleichgewichts das Gesamtdrehmoment der äußeren Kräfte auf das System verschwinden muß, und dies nicht wie in der linearen Theorie a priori wegen der vorher nicht bekannten Deformation des Körpers vorgebbar ist, ergeben sich für die zweite Randwertaufgabe naturgemäß zusätzliche Komplikationen.

Die Anwendung unseres Näherungsverfahrens bei der zweiten Randwertaufgabe führt wegen $S' = S$ jeweils auf die Variationsprobleme (15), (17) unter freien Bedingungen über den Sobolew-Raum $H'_{1,2}(G^l)$ (15'), (17'). Im ersten Schritt ist das freie Variationsproblem (15') für $G \to G^1$:

$$x + v^0(x) = x^1 \tag{42}$$

zu lösen. Dies erfolgt in bekannter Weise mit Hilfe der zweiten Kornschen Ungleichung

$$\int_G a(w, w) \,\mathrm{d}x \geqq a_2 \|w\|_{1,2}^2 \,, \quad a_2 > 0 \,, \quad w \in H_{1,2} \ominus V_6 \,. \tag{43}$$

Die Lösungen $v^0(x)$ von (15') über $H_{1,2} \ominus V_6$ sind wegen (40), (41) Extremalen von (15) über $H_{1,2}$ und gehören daher nach der Regularitätstheorie zu $C^{2+\mu}(\dot{G} + S)$.

Der undeformierte Ausgangszustand über $G + S$ stellt einen Randpunkt des Stabilitätsbereichs ST im Banach-Raum $C(\sigma_{\mu\nu})$ für die zweite Randwertaufgabe dar. Die Deformation (42) führt daher entweder in das Stabilitätsgebiet ST oder in ein *Instabilitätsgebiet* J unseres Systems. Im ersten Fall trifft für hinreichend kleines λ_1 stets

$$Q_1(w, w) \geqq k'_1 \|w\|_{1,2}^2 \,, \quad k'_1 > 0 \,, \quad k'_1 \to 0 \text{ für } \lambda_1 \to 0, \ w \in H'_{1,2}(G^1) \tag{44}$$

zu. Für (44) reicht es hin, daß

$$Q_1(w, w) > 0 \text{ für alle } w \in H'_{1,2}(G^1), \text{ für hinreichend kleines } \lambda_1 \text{ erfüllt wird} \,. \tag{45}$$

Das folgt aus der bekannten zweiten Kornschen Ungleichung in der Gestalt:

$$\int_{G^1} a(w, w) \,\mathrm{d}x + \|w\|_{0,2}^2 \geqq d_1 \|w\|_{1,2}^2; \ d_1 > 0 \text{ für alle } w \in H_{1,2}(G^1) \quad (\text{s. [7]}) \,. \tag{46}$$

(46) ist eine Gardingsche Ungleichung über $H'_{1,2}(G^1)$. Nach einem Resultat von M. R. Hestenes kann man dann bei (45) auf die positive Definitheit von $Q_1(w, w)$ über $H'_{1,2}(G^1)$ schließen [9]. Andererseits ist es natürlich denkbar, daß die sich aus (15') ergebenden Spannungen eine indefinite zweite Variation über G^1 definieren. Nach (3), (7) führt die Deformation (42) dann in den Instabilitätsbereich J.

Im stabilen Fall (44) können wir die gesuchte Deformation in ST unter den Bedingungen der zweiten Randwertaufgabe in derselben Weise über (15'), (16'), (17'), (18') annähern wie bei der dritten Randwertaufgabe über (15), (16), (17), (18). Wegen (41) sind die über $H'_{1,2}(G^l)$ konstruierten Lösungen $v^l(x^l)$ von (17') Extremalen über $H_{1,2}(G^l)$. Es treten bei der Übertragung des Konvergenzbeweises von [2] auf diese Approximation keine zusätzlichen Schwierigkeiten auf. Dasselbe trifft für den Nachweis zu, daß die nach diesem Grenzübergang konstruierte Deformation (36) von $G + S$ unter den vorgeschriebenen Volumen- und Randkräften über Gleichgewichtszustände führt. Aus (9) folgt weiter, indem wir Variationen aus V_6 wählen, daß entlang der Deformation (36) tatsächlich die Momentengleichungen (40) befriedigt werden.

Es ist nicht uninteressant zu bemerken, daß wir auch nichtlineare elastische Deformationen nach unserer Methode im Instabilitätsbereich beschreiben können. Zur Bestimmung der Verschiebungen $v^l(x^l)$ aus dem inhomogenen NEUMANNschen LAGRANGEschen Randwertproblem zu (17′) ist nämlich unter unseren Datenvoraussetzungen nur die Annahme (A) zu fordern, daß das entsprechende homogene NEUMANN-Problem nur durch den konstanten Vektor lösbar ist. $v^l(x^l)$ ist dann nach der RIESS-SCHAUDER-Theorie konstruierbar, da die notwendigen und hinreichenden Lösbarkeitsbedingungen erfüllt sind und kann in $H_{0,2}$ orthogonal zum konstanten Vektor normalisiert werden. Indem wir die Beschränktheit der durch die Pseudoresolvente definierten Abbildung beachten, wird es möglich, in den SCHAUDERschen Abschätzungen (28) die $H_{0,2}$-Norm von $v^l(x^l)$ zu eliminieren. Hiernach bestehen keine weiteren Beschränkungen, alle Existenzaussagen wie im stabilen Fall zu beweisen.

Satz II: *Es werde der undeformierte elastische Körper $G + S$ unter vorgegebenen Rand- und Volumenkräften, die über $G + S$ die Gleichgewichtsbedingungen* (40), (41) *erfüllen, über Gleichgewichtszustände in $G' + S'$ deformiert, wobei der Zustand über $G' + S'$ zu ST oder zu J bei Gültigkeit von* (A) *gehöre. Die Funktionen* (36) *unseres Existenzsatzes beschreiben die Fortsetzung der elastischen Deformation von $G' + S'$ über Gleichgewichtszustände unter den vorgegebenen Rand- und Volumenkräften analog zu Satz I. Es gelten für die Fortsetzung dieser Deformation die gleichen Grenzbedingungen* (a), (b), (c) *wie zu Satz I.*

III. Die $H_{1,2} \ominus V_6$-Theorie für die zweite Randwertaufgabe

Die Tatsache, daß bei der zweiten Randwertaufgabe der nichtlinearen Elastizitätstheorie der undeformierte Ausgangszustand einem Randpunkt des Stabilitätsbereichs ST zum Instabilitätsbereich J in $C(\sigma_{\mu\nu})$ entspricht, macht es erforderlich, zumindest zu Beginn die Deformation durch passende Zusatzkräfte zu stabilisieren. Hierzu entwickeln wir eine $H_{1,2} \ominus V_6$-Theorie.

Nach der zweiten KORNschen Ungleichung (43) existiert eine Kugel K_δ: $\|\sigma_{\mu\nu}\| < \delta$, über welcher

$$Q(w, w) \geqq d_1 \|w\|_{1,2}^2 , \quad d_1 > 0, \quad w \in H_{1,2} \ominus V_6 \tag{47}$$

zutrifft. Wir können deshalb wie in I, II vorgehen, wenn unser Näherungsverfahren auf $H_{1,2} \ominus V_6$ beschränkt wird. Zu diesem Zweck lösen wir jetzt die freien Variationsprobleme (15′), (17′) über $H_{1,2} \ominus V_6$ statt wie vorher über $H'_{1,2}$ und definieren die Zusatzspannungen und Übergänge $G^l \to G^{l+1}$ entsprechend nach (18), (16) für $l = 0, 1, 2, \ldots, n$, vom undeformierten Körper $G + S$ aus. Daß unter analogen Voraussetzungen (25) auf (26) geschlossen werden kann, bedarf einiger zusätzlichen Betrachtungen, ebenso müssen die SCHAUDERschen Abschätzungen gesichert werden, weil jetzt in (17′) nur Variationen aus $H_{1,2}(G^l) \ominus V_6$ zulässig sind. Wegen $H'^0_{1,2} \subset H_{1,2} \ominus V_6$ genügen $v^l(x^l)$ zwar dem LAGRANGEschen System zu (17′) über G^l, doch werden die vorgeschriebenen Randbedingungen nicht erfüllt. Um diese zu berechnen, beachten wir, daß aus

$$\xi(x^l) \in H_{1,2}(G^l) \ominus V_6, \text{ mit } c^l_{i,j} = -c^l_{j,i}:$$

$$\text{(a)} \int\limits_{G^l} \xi_j(x^l)\, dx^l = 0; \qquad \text{(b)} \int\limits_{G^l} \frac{\partial \xi_j}{\partial x^l_k} c^l_{jk}\, dx^l = 0 \quad \to \quad \int\limits_{S^l} \xi_j(s^l)\, c^l_{j,k} \cos(n, x^l_k)\, ds^l = 0 \tag{48}$$

folgt. Daher liegen die Randwerte $\xi_j(s^l)$ einer Variation $\xi_j(x^l) \in H_{1,2}(G^l) \ominus V_6(G^l)$ im HILBERT-Raum $H_{0,2}(S^l)$ im orthogonalen Komplement des von den Vektoren:

$$w_j(s^l) = c^l_{j,k} \cos(n, x^l_k), \qquad c^l_{i,k} = -c^l_{k,i}, \tag{49}$$

erzeugten Teilraums, n bezeichnet die äußere Normale an S^l.

Aus der ersten Variation des freien Variationsproblems (17′) über $H_{1,2}(G^l) \ominus V_6$ entnehmen wir daher den Ansatz

$$J_l(v^l, \eta) + \int\limits_{S^l} \eta_j(s^l)\, c^l_{j,k} \cos(n, x^l_k)\, ds^l = 0 \text{ für alle } \eta_j(s^l) \in H_{1,2}(G^l) \tag{50}$$

mit zu bestimmenden Konstanten $c^l_{j,k} = -c^l_{k,j}$. Nach (49) wird (50) für $\xi_j(x^l) = \eta_j(x^l) \in H_{1,2} \ominus V_6$ erfüllt. Um (50) zu sichern, suchen wir die Konstanten $c^l_{j,k}$ aus dem linearen Gleichungssystem

$$J_l(v^l, c'_{j,k} x^l_k) + \int\limits_{S^l} c'_{j,s} x^l_s c^l_{j,k} \cos(n, x^l_k)\, ds^l = 0 \tag{51}$$

zu bestimmen, das aus (50) für die allgemeinen Variationen

$$\eta_j(x^l) = \xi_j(x^l) + a_j + c'_{j,s} x^l_s \in H_{1,2}(G^l), \qquad c'_{j,s} = -c'_{s,j},$$

entsteht. (51) ist identisch in den $c'_{j,k} = -c'_{k,j}$ zu erfüllen.

Es ist zu beachten, daß (50) für die konstanten Variationen $\eta_i(x^l) = a_i$ nach (41) befriedigt wird. Man kann das lineare Gleichungssystem leicht nach den $c^l_{1,2}, c^l_{2,3}, c^l_{3,1}$ eindeutig auflösen, indem wir das Randintegral auf der rechten Seite von (50) wieder in ein Volumenintegral verwandeln

$$\int_{S^l} \eta_j(s^l) \cos(n, x_k^l)\, c_{j,k}^l \,\mathrm{d}s^l = \int_{G^l} \frac{\partial \eta_j}{\partial x_k^l} c_{j,k}^l \,\mathrm{d}x^l = 2 \int_{G^l} \sum_{1\le k\le j}^{3} c'_{j,k} c_{j,k}^l \,\mathrm{d}x^l = 2\,|G^l| \sum_{1\le k\le j}^{3} c'_{j,k} c_{j,k}^l\,,$$

$|G^l|$ bezeichnet das Volumen von G^l.

Vergleich der Koeffizienten von $c'_{j,k}$ beiderseits ergibt dann für die gesuchten Konstanten $c_{1,2}^l$, $c_{2,3}^l$, $c_{3,1}^l$ die Darstellung:

$$\begin{aligned} 2|G^l|\, c_{1,2}^l &= -\,J_l(v^l, \eta_1 = x_2^l;\ \eta_2 = -\,x_1^l;\ \eta_3 = 0)\,, \\ 2|G^l|\, c_{2,3}^l &= -\,J_l(v^l, \eta_1 = 0;\ \eta_2 = x_3^l;\ \eta_3 = -\,x_2^l)\,, \\ 2|G^l|\, c_{3,1}^l &= -\,J_l(v^l, \eta_1 = -\,x_3^l;\ \eta_2 = 0;\ \eta_3 = x_1^l)\,. \end{aligned} \tag{52}$$

Die rechten Seiten von (52) kann man nach (17′) abschätzen

$$|J_l(v^l, \ldots)| \leqq k_4(||v^l||'_{1,2} + \Delta\lambda(||X||_\mu + ||T||_{1+\mu})\,. \tag{53}$$

In k_4 gehen offenbar obere Schranken für die Spannungskomponenten $\sigma_{\mu\nu}^l(x^l)$ ein. Um in (52) noch rechts die Norm $||v^l||'_{1,2}$ zu eliminieren, variieren wir wie in (29) (30) das Variationsproblem (17′) mit $\eta^l(x^l) = v^l(x^l)$, was wegen $v^l(x^l) \in H_{1,2}(G^l) \ominus V_6(G^l)$ erlaubt ist. Auf Grund der positiven Definitheit von $Q_l(v^l, v^l)$ über $H_{1,2}(G^l) \ominus V_6(G^l)$ folgt dann für $||v^l||'_{1,2}$ eine zu (30) analoge Abschätzung. Dies führt schließlich nach (53) auf

$$\{|c_{1,2}^l|\, |c_{2,3}^l|\, |c_{3,1}^l|\} \leqq k_5\, \Delta\lambda(||X||_\mu + ||T||_{1+\mu}) \tag{54}$$

mit einer über K_δ global gültigen Konstanten k_5. Da $v^l(x^l)$ das freie Variationsproblem (50) mit den nach (52) berechneten Konstanten $c_{j,k}^l$ über $H_{1,2}(G^l)$ löst, gehört diese Verschiebung nach der Regularitätstheorie längs der Kette (25), (26), (27) zu $C^{2+\mu}(G^l)$. Desweiteren bestehen auf Grund von (54) die SCHAUDERschen Abschätzungen

$$||v^l||_{2+\mu}\,(G^l) \leqq \Delta\lambda L^+ A \tag{55}$$

entsprechend (35) über dem Bereich (V) mit

$$A_l = ||X||_\mu\,(G^l) + ||T||_{1+\mu}\,(S^l) \text{ sowie } A_l < A \text{ nach (V)}$$

und entsprechenden den Bereich der Anfangsbedingungen umfassenden Konstanten F, $\hat{H}_{1+\mu}$, δ_1, δ_2 und der global festgelegten SCHAUDERschen Konstanten $L^+(\hat{H}_{1+\mu}, \delta_1, \hat{R}_{2+\mu}, d_1)$ wie zu (35).

Wir können jetzt wie in I weiterschließen und durch den Grenzübergang $\Delta\lambda \to 0$ die Deformationsschar (36) von $G + S \to G^\lambda + S^\lambda$ im BANACH-Raum $C^{2+\mu}(G + S) \times C^0(I_s)$, $0 \leqq \lambda \leqq s \leqq 1$, konstruieren, ebenso die zugehörigen Spannungsverteilungen.

Wir beweisen anschließend, daß die nach (54) gleichmäßig beschränkten Konstanten $c_{r,k}^i/\Delta\lambda$ entlang der Näherungskette der Abschätzung

$$\left|\frac{c_{r,k}^i}{\Delta\lambda} - \frac{c_{r,k}^j}{\Delta\lambda}\right| = O(\Delta\lambda') \qquad \lambda_j - \lambda_i = \Delta\lambda' > 0 \tag{56}$$

genügen, $O(\Delta\lambda')$ bezeichnet das bekannte LANDAUsche Symbol. Hieraus folgt

$$\lim_{\Delta\lambda\to 0} \frac{c_{r,k}^i}{\Delta\lambda} = \varphi_{r,k}(\lambda) \in C^0(I_s)\,, \qquad \varphi_{r,k} = -\,\varphi_{k,r} \tag{57}$$

Mit $\psi_{r,k}(\lambda) = \int_0^\lambda \varphi_{r,k}(\lambda')\,\mathrm{d}\lambda'$ gilt dann

Satz III: *Die soeben konstruierte Funktionenschar* (36) *nebst Spannungsschar beschreibt die Deformation unseres elastischen Körpers $G + S$ entlang des Intervalls I_s über Gleichgewichtszustände unter den vorgeschriebenen Volumenkräften λX und modifizierten Randkräften*

$$\lambda T - \psi_{rk}(\lambda) \cos(n, x_k^\lambda)$$

längs S^λ sowie unter den restlichen Voraussetzungen von Satz I. *Die Momentenbedingungen* (40) *und* (41) *bleiben während der Deformation erfüllt. Es gelten dieselben Grenzbedingungen für die weitere Fortsetzung dieser Deformation über I_s hinaus wie in Satz* I.

Der Beweis von Satz III erfolgt nach der in [2] eingeführten Methode; da die linearen Probleme (15′), (17′) über $H_{1,2} \ominus V_6$ gelöst wurden, ergeben sich einige Weiterungen.

Wir führen wie in [2] die Funktionen

$$\frac{1}{\Delta\lambda}\, v_k^l(x^l) = w_k^l(x^l)$$

ein, sie genügen in jedem Zwischenschritt dem freien Variationsproblem

$$\bar{J}_l(w^l, w^l) = \frac{1}{2} \int\limits_{G^l} \left[\sigma^l_{\mu\nu}(x^l) \frac{\partial w^l_h}{\partial x^l_\mu} \frac{\partial w^l_h}{\partial x^l_h} + 2a \right] dx^l - (X, w^l)_0 - \int\limits_{S^l} T_k(s^l)\, w_k(s^l)\, ds^l \to \text{Min} \tag{58}$$

über $H_{1,2}(G^l) \ominus V_6(G^l)$.

Hiernach setzen wir $w^j(x) = w^j(f^j(x))$ und leiten in beliebigen Teilpunkten λ_j, λ_i die Abschätzung

$$\|w^j(x) - w^i(x)\|_{2+\mu} = O(\Delta\lambda') \tag{59}$$

unabhängig von der gewählten Zerlegung her.

Man kann, wie zunächst gezeigt werden soll, den Beweis von Satz III auf den Nachweis von (56) und (59) zurückführen. In der Tat, nach einem bekannten Auswahlsatz konvergieren auf Grund von (59) die Folgen

$$\frac{x^{l+1}_k - x^l_k}{\Delta\lambda} = \frac{1}{\Delta\lambda} v^l_k(f(x)) \tag{60}$$

gleichmäßig über I_s in $C^2(G + S)$ gegen die partiellen Ableitungen

$$\frac{\partial f_k}{\partial\lambda}(x, \lambda) \in C^{2+\mu}(G + S) \times C^0(I_s).$$

Aus (50), (56), (57), (58) und dem Existenzsatz zu (36) folgt weiter, daß die Ableitungen

$$\left.\frac{f_k(x, \lambda)}{\partial\lambda}\right|_{x = h(x, \lambda)} = \hat{w}_k(x^\lambda, \lambda). \tag{61}$$

— $x = h(x^\lambda, \lambda)$ bezeichnet die Auflösung von $x^\lambda = f(x, \lambda)$ — über G^λ längs I_s: $0 \leqq \lambda \leqq s$ dem freien Variationsproblem:

$$\bar{J}(\hat{w}, \hat{w}) + \int\limits_{S^\lambda} \hat{w}_j(s^\lambda)\, \varphi_{j,k}(\lambda) \cos(n, x^\lambda_k)\, ds^\lambda = \bar{J}(\hat{w}, \hat{w}) + \int\limits_{G^\lambda} \varphi_{j,k}(\lambda) \frac{\partial \hat{w}_j}{\partial x^\lambda_k} dx^\lambda \to \text{Min} \tag{62}$$

über $H_{1,2}(G^\lambda)$ genügen [2].

Zur Klärung der Frage, ob die in III konstruierte Deformations- und Spannungsschar

$$x^\lambda = f(x, \lambda), \quad \sigma^\lambda_{\mu\nu}(x^\lambda), \quad x^\lambda \in G^\lambda, \tag{63}$$

die Deformation des Elastikums in Abhängigkiet der vorgeschriebenen Volumen- und Randkräfte λX und $\lambda T - \psi_{r,k} \cos(n, x^\lambda_k)$ über Gleichgewichtszustände in der in Satz III genannten Weise beschreibt, seien in Anlehnung an die Bezeichnung in [2]

$$G^\lambda \to G^{\lambda'} \qquad y + u(y) = z \in G^{\lambda'}, \; y \in G^\lambda,$$

zwei Nachbarzustände unserer Deformation (63) und

$$U(v) = \int\limits_{G^\lambda} F^\lambda\left(y, \frac{\partial v}{\partial y_\mu}\right) dy. \tag{64}$$

das lokal gültige elastische Potential bezogen auf den Deformationszustand über G^λ. Wir führen jetzt statt (64) den Ausdruck

$$\bar{U}(v) = \int\limits_{G^\lambda} \left[F^\lambda\left(y, \frac{\partial v_j}{\partial y_\mu}\right) + \psi_{j,k}(\lambda) \frac{\partial v_j}{\partial y_k} \right] dy$$

nach (57) ein und transformieren $\bar{U}(v)$ auf den Nachbarzustand, indem wir

$$v_i(y) = u_i(y) + w_i(z) = u_i(y) + w_i(y + u(y))$$

und

$$\begin{aligned} F^{\lambda'}\left(z, \frac{\partial w_i}{\partial z_k}\right) &= F^\lambda\left(y(z), \frac{\partial u_i}{\partial y_\mu} + \frac{\partial w_i}{\partial z_l}\left(\delta_{l\mu} + \frac{\partial u_l}{\partial y_\mu}\right)\right), \\ \bar{U}'(w) &= \int\limits_{G^{\lambda'}} \left[F^{\lambda'}\left(z, \frac{\partial w}{\partial z}\right) + \psi_{j,k}(\lambda')\left(\frac{\partial u_j}{\partial y_k} + \frac{\partial w_j}{\partial z_l}\left(\delta_{lk} + \frac{\partial u_l}{\partial y_k}\right)\right) \cdot \left\|\frac{dy}{dz}\right\| \right] dz \end{aligned} \tag{65}$$

setzen. Es werde weiter die erste Variation von $\overline{U}'(w)$ über G^λ mit der Variation

$$\eta_i(z) = \eta_i(y + u(y)) = \xi_i(y)\,, \tag{66}$$

$$p'_{i,k} = \frac{\partial w_i}{\partial z_k}; \qquad \frac{\partial \xi_i}{\partial y_k} = \frac{\partial \eta_i}{\partial z_l}\left(\delta_{lk} + \frac{\partial u_l}{\partial y_k}\right),$$

$$\overline{V}'_{\lambda'}(w,\eta) = \int\limits_{G^{\lambda'}}\left[F^{\lambda'}_{p'_{i,k}}\left(z, \frac{\partial w_i}{\partial z_\nu}\right)\frac{\partial \eta_i}{\partial z_k} + \psi_{jk}(\lambda')\,\frac{\partial \eta_i}{\partial z_k}\left(\delta_{lk} + \frac{\partial u_l}{\partial y_k}\right)\left\|\frac{\mathrm{d}y}{\mathrm{d}z}\right\|\right]\mathrm{d}z$$

auf G^λ zurücktransformiert:

$$\overline{V}_{\lambda'}(w,\xi) = \int\limits_{G^\lambda}\left[F^\lambda_{p_{ik}}\left(y, \frac{\partial u_i}{\partial y_\mu} + \frac{\partial w_i}{\partial z_l}\left(\delta_{l\mu} + \frac{\partial u_l}{\partial y_\mu}\right)\right)\frac{\partial \xi_i}{\partial y_k} + \psi_{jk}(\lambda')\,\frac{\partial \xi_i}{\partial y_k}\right]\mathrm{d}y\,. \tag{67}$$

Unter der Annahme, daß über G^λ: $v = 0$, über $G^{\lambda'}$: $w = 0$ Gleichgewichtszuständen im vorausgesetzten Sinn entsprechen, sind

$$W(\lambda) = \overline{V}_\lambda(v = 0, \xi) - \lambda(X,\xi)_0 - \lambda \int\limits_{S^\lambda} T_j(s^\lambda)\,\xi_j(s^\lambda)\,\mathrm{d}s^\lambda = 0\,, \tag{68}$$

$$W(\lambda') = \overline{V}_{\lambda'}(w = 0, \eta) - \lambda'(X,\eta)_0 - \lambda' \int\limits_{S^{\lambda'}} T_j(s^{\lambda'})\,\eta_j(s^{\lambda'})\,\mathrm{d}s^{\lambda'} = 0 \tag{69}$$

zu erfüllen, woraus nach (67)

$$W(\lambda') - W(\lambda)$$

$$= \int\limits_0^1\int\limits_{G^\lambda} F_{p_{i,k}p_{j,s}}\left(y, t\,\frac{\partial u}{\partial y_\nu}\right)\frac{\partial u_j}{\partial y_s}\frac{\partial \xi_i}{\partial y_k}\,\mathrm{d}t\,\mathrm{d}y + \int\limits_{G^\lambda} \psi_{i,k}(\lambda') - \psi_{j,k}(\lambda)\,\frac{\partial \xi_j}{\partial y_k}\,\mathrm{d}y - (\lambda' - \lambda)\,(X,\xi)_0 -$$

$$- (\lambda' - \lambda)\int\limits_{S^\lambda} T_j(s^\lambda)\,\xi(s^\lambda)\,\mathrm{d}s^\lambda = 0 \tag{70}$$

folgt. Wir haben hier von unserer Annahme Gebrauch gemacht, daß sich die äußeren Kräfte $X\,\mathrm{d}x$, $T(s)\,\mathrm{d}s$ mit der Deformation der Volumen- bzw. Oberflächenelemente nicht ändern. Dividieren wir (70) durch $\Delta\lambda' = \lambda' - \lambda$ und gehen zur Grenze $\Delta\lambda' \to 0$ über, so ergibt sich sofort nach Übergang zu unseren früheren Bezeichnungen (62):

$$\lim_{\Delta\lambda' \to 0} \frac{W(\lambda') - W(\lambda)}{\Delta\lambda'} = \frac{\mathrm{d}W}{\mathrm{d}\lambda} = \overline{J}(\widehat{w}, \xi) + \int\limits_{G^\lambda} \varphi_{j,k}(\lambda)\,\frac{\partial \xi_j}{\partial x^\lambda_k}\,\mathrm{d}x = 0 \tag{71}$$

für alle $\xi(x^\lambda) \subset H_{1,2}(G^\lambda)$.

Umgekehrt folgt nach unserem Existenzbeweis aus (62) die Gleichung (71). Wir schließen hieraus, wie behauptet auf $W(\lambda) = 0$ längs I_s [2].

Zum Beweis von Satz III haben wir also nur noch die beiden Abschätzungen (56) und (59) zu beweisen und formulieren hierzu den einfachen

Hilfssatz: *Unter der Homöomorphie $z = y + u(y)$, $\max\left|\frac{\partial u_i}{\partial y_k}\right| < \delta$ von $G^1 \to G^2$ gehe das Vektorfeld $w(z) \in H_{12}(G^2) \ominus V_6(G^2)$ in das Feld $\overline{w}(y)$ über G^1 über, dann gelten über G^1 die Abschätzungen:*

$$\int\limits_{G^1}\left(\frac{\partial \overline{w}_i}{\partial y_j} - \frac{\partial \overline{w}_j}{\partial y_i}\right)\mathrm{d}y = O(\delta)\,, \qquad \int\limits_{G^1} \overline{w}_i(y)\,\mathrm{d}y = O(\delta)$$

und daher für die orthogonale Zerlegung von

$$\overline{w}_i(y) = p_i(y) + \tilde{a}_i + \tilde{c}_{i,k}y_k\,, \quad \tilde{c}_{i,k} = -\,\tilde{c}_{k,i}\,, \quad |\tilde{a}_i| = O(\delta)\,, \quad |\tilde{c}_{i,k}| = O(\delta)\,. \tag{72}$$

Ersichtlich gehen in die $O(\delta)$-Schranken die Absolutbeträge der ersten Ableitungen $\frac{\partial w_i}{\partial z_k}$ ein. Wir beweisen zuerst (56) und subtrahieren deshalb die durch $\Delta\lambda'$ dividierten in zwei Teilpunkten λ_i, λ_j gebildeten Gleichungen (52) voneinander. Offenbar genügt es, für (56) die Abschätzungen

$$\overline{J}_j(w^j, \eta_1 = x^j_2,\ \eta_2 = -\,x^j_1,\ \eta_3 = 0) - \overline{J}_i(w^i, \eta_1 = x^i_2, \ldots, \eta_3 = 0) = O(|\Delta\lambda'|) \tag{73}$$

....

herzuleiten. Zu diesem Zweck transformieren wir längs der konstruierten Deformationsschar (63) das Variationsproblem (58) für $\overline{J}_j(w^j \ldots)$ über G^j auf G^i, in der Bezeichnung $x^j = x^i + \varphi_i(x^i)$ für $G^i \to G^j$ gilt nach:

$$\|\varphi_j(x^i)\|_{2+\mu} = O(|\Delta\lambda'|)\,. \tag{74}$$

Es werden:

$$w^j(x^j) = \widetilde{w}^i(x^i) = w^j\big(x^i + \varphi_i(x^i)\big)\,,$$

$$\overline{J}_j(w^j, x_2^j, \ldots) \to \widetilde{J}_i(\widetilde{w}^i, x_2^i \ldots)$$

gesetzt. Die Koeffizienten in $\widetilde{J}_i(\widetilde{w}^i, x_2^i, \ldots)$ unterscheiden sich von den entsprechenden in $J_i(w^i, \ldots)$ bzgl. der $C^{1+\mu}$-Norm um Terme der Größenordnung $O(|\Delta\lambda'|)$. Zum Beweis von (56) genügt es daher, nach (73) die Abschätzung

$$||w^i(x^i) - \widetilde{w}^i(x^i)||_{1,2} = O(|\Delta\lambda'|) \tag{75}$$

zu beweisen, die wir offenbar aus den ersten Variationsgleichungen

$$\overline{J}_i(w^i, \eta^i) = 0; \quad \overline{J}_j(w^j, \eta^j) = 0 \tag{76}$$

der freien Variationsprobleme (58), $l = i$, $l = j$, über $H_{1,2}(G^j) \ominus V_6(G^j)$ bzw. $H_{1,2}(G^i) \ominus V_6(G^i)$ unter Verwendung von (47) und (72) gewinnen müssen. Sei $p^i(x^i)$ die orthogonale Projektion von $\widetilde{w}^i(x^i)$ auf $H_{1,2}(G^i) \ominus V_6(G^i)$:

$$\widetilde{w}_k^i(x^i) = p_k^i(x^i) + \widetilde{a}_k + \widetilde{c}_{k,l}x_l^i$$

bei der Transformation (74) von

$$\overline{J}_j(w^j, \eta^j) = \widetilde{J}_i(\widetilde{w}^i, \widetilde{\eta}^i);$$

dann gilt nach (72)

$$|\widetilde{c}_{k,l}|\,, \quad |\widetilde{a}_k| = O(|\Delta\lambda'|)\,. \tag{77}$$

Es werde jetzt:

$$\eta^i(x^i) = p^i(x^i) - w^i(x^i) \in H_{1,2}(G^i) \ominus V_6(G^i)$$

als Variation über G^i gewählt und in die Variation $\eta^j(x^j)$ über G^j nach (74) transformiert. Bei dieser Wahl gilt nach (72)

$$\overline{J}_j(w^j, \eta^j) = O(|\Delta\lambda'|)\,,$$

wobei in die rechte Seite obere Schranken für die Spannungen und äußeren Kräfte und für die ersten Ableitungen von $w^j(x^j)$ eingehen. Daher gilt für die Differenz

$$\overline{J}_j(w^j, \eta^j) - \overline{J}_i(w^i, \eta^i)$$

$$= \widetilde{J}_i\big(\widetilde{w}^i, p^i(x^i) - w^i(x^i)\big) - \overline{J}_i\big(w^i, p^i(x^i) - w^i(x^i)\big) = O(|\Delta\lambda'|)\,. \tag{78}$$

Nach einfachen Umformungen und erneuter Abspaltung von Termen der Größenordnung $O(|\Delta\lambda'|)$ auf Grund von (72) (74) folgt hieraus

$$O(|\Delta\lambda'|) = Q_i\big(p^i(x^i) - w^i(x^i), p^i(x^i) - w^i(x^i)\big) \geqq d_1||p^i(x^i) - w^i(x^i)||_{1,2}^2 \tag{79}$$

nach (47) und wegen (77) weiter die zu beweisende Ungleichung (75). Damit ist (56) gesichert und auch (57) bewiesen.

Man kann hiervon ausgehend in vollständiger Analogie zu [2] noch die Abschätzung (59) beweisen. In der Tat, wegen $w^l(x^l) \in C^{2+\mu}(G^l)$, $\sigma^l_{\mu\nu}(x^l) \in C^{1+\mu}(G^l)$ genügen $w^l(x^l)$ über G^l dem LAGRANGEschen System

$$L_l(w^l) = X(x^l)\,, \qquad l = 0, 1, 2 \ldots, \tag{80}$$

des freien Variationsproblems

$$\overline{J}_l(w^l, w^l) + \int\limits_{S^l} w_j^l(s^l)\,\frac{c_{j,k}^l}{\Delta\lambda}\cos(n, x_k^l)\,ds^l \to \text{Min} \quad \text{über } H_{1,2}(G^l)\,. \tag{81}$$

Betrachten wir wieder (80) bzw. (81) in den Teilpunkten, so unterscheiden sich nach (74) die C^μ-Normen entsprechender Koeffizienten von (80) nach der Transformation (74) von $L_j(w^j)$ auf G^i um Glieder der Größenordnung $O([\Delta\lambda'|)$, dasselbe trifft für die Randbedingungen zu. Nach naheliegenden Umformungen der Differenz beider LAGRANGEscher Systeme schließen wir unter Beachtung von (56) über die Hauptungleichung (28) wie in [2] auf (59), Satz III q.e.d.

Man kann das bei der zweiten Randwertaufgabe längs S^λ konstruierte Vektorfeld

$$k_j^\lambda(s^\lambda) = -\,\psi_{j,k}(\lambda)\cos(n, x_k^\lambda)\,, \quad k_j^\lambda \cdot \cos(n, x_j^\lambda) = 0, \text{ da } \psi_{j,k}(\lambda) = -\,\psi_{k,j}(\lambda)\,, \tag{82}$$

als in der Oberfläche S^λ wirkendes Zusatzkraftfeld interpretieren, welches wir wirken lassen, um trotz der Deformation des Randes in jedem Augenblick noch die Gültigkeit der Momentenbedingungen (40) für die äußeren Kräfte zu sichern. Wir können natürlich die Zusatzkräfte (82) wieder rückgängig machen, wenn die Deformation vom undeformierten Ausgangszustand aus in den Stabilitätsbereich ST führt, indem wir Satz II anwenden, um die vorgeschriebenen Kräfte am Schluß der Deformation zu realisieren. In diesem Fall dienen die Zusatzkräfte (82) nur dazu, die Deformation am Anfang und möglicherweise zwischendurch zu stabilisieren.

Literatur

1 AGMON, S., DOUGLIS, A., NIRENBERG, L., Estimate near the boundary for solutions of elliptic partial differential equations satisfying general boundary conditions, I, II, Commun. Pure Appl. Math. **12** (1959), 623–727; **17** (1964), 35–92.
2 BECKERT, H., Zur ersten Randwertaufgabe in der nichtlinearen Elastizitätstheorie, ZAMM **55** (1975), 47–58.
3 BECKERT, H., Über die klassischen Randwertaufgaben in der Theorie der Wärmespannungen in stückweise stetigen, anisotropen Körpern unter Kopplungsbedingungen, ZAMM **52** (1972), 111–122.
4 BECKERT, H., Die mathematische Beschreibung endlicher Deformationen bei der dritten Randwertaufgabe in der nichtlinearen Elastizitätstheorie. Wiss. Z. K.M.U. Leipzig, Math. Nat. Reihe **25** (1976), 1–10.
5 BECKERT, H., A Theory of finite elastic deformations under second and third boundary conditions for general structures, Intern. Summer School Berlin, Abhdl. d. Akad. d. Wiss. d. DDR (im Druck).
6 BECKERT, H., Variationsrechnung und Stabilitätstheorie, Math. Nachr. (im Druck).
7 FICHERA, G., Linear Elliptic Differential Systems and Eigenvalue Problems, Lecture Notes in Math. 8. Springer Berlin-Heidelberg-New York 1965.
8 GREEN, A., ZERNA, W., Theoretical Elasticity, Oxford 1954.
9 HESTENES, M. R., Application of the theory of quadratic forms in HILBERT space to the calculus of variations, Pacific J. Math. **1** (1951), 524–581.
10 JOHN, F., Uniqueness of nonlinear elastic equilibrium for prescribed boundary displacements and sufficiently small strains, Commun. Pure Appl. Math. **25** (1972), 617–634.
11 FLÜGGE, S., Elastizität und Plastizität, Handbuch d. Physik Bd. 6, 1958, (Springer).
12 TEODORESCU, P., SOOS, P., Discrete quasi-continuum and continuous models of elastic solids, ZAMM **53** (1973), 33–43.
14 TREFFTZ, E., Zur Theorie der Stabilität des elastischen Gleichgewichts, ZAMM **13** (1933), 160–165.
15 TREFFTZ, E., Über die Ableitung der Stabilitätskriterien des elastischen Gleichgewichts, Verhandl. III. Intern. Kongr. f. Techn. Mechanik, Stockholm 1930 S. 44–48.
16 TRUESDELL, C., NOLL, W., The Nonlinear Field Theories of Mechanics, Handb. d. Physik Bd. III/3, 1965.
17 WASHEZU, K., Variational Methods in Elasticity and Plasticity, Pergamon Press 1968.

Eingereicht: 16. 3. 1976

Anschrift: Prof. Dr. HERBERT BECKERT, K.M.U. Leipzig, Sektion Mathematik, DDR 701 Leipzig, Karl-Marx-Platz

ZAMM 57, 165–174 (1977)

O. Bruhns

Verzweigungslasten inelastischer Schalen

In der vorliegenden Arbeit wird ein allgemeines Näherungsverfahren zur Bestimmung von Verzweigungslasten beliebiger inelastischer — speziell elastoplastischer Schalen vorgestellt. Ausgehend von einem in seinem Grundkonzept auf Hill [4, 5] zurückgehenden verallgemeinerten inkrementellen Variationsprinzip, das sich auf das Problem endlicher Deformationen elastoplastischer Körper anwenden läßt, werden Aussagen über Verzweigungslasten elastoplastischer Schalen getroffen. Am Beispiel der rotationssymmetrisch belasteten Kreiszylinderschale wird das genannte Verfahren erläutert.

In this paper a general approximation method for the determination of bifurcation loads of arbitrary inelastic-particular elastoplastic shells is presented. Starting from a generalized incremental variational principle, which has its origin in some papers of Hill [4, 5] and is applicable to the problem of finite elastoplastic deformations, bifurcation loads of elastoplastic shells are investigated. The present method is used in an example of rotationally loaded cylindrical shells.

В предлагаемой работе рассматривается некоторый общий приближённый метод для определения нагрузок бифуркации любых неупругих и, в особенности, упруго-пластических оболочек. Исходя из некоторого вариационного принципа для приращений, являющегося по существу щением принципа, изложенного в работах Хилла [4, 5] и позволяющего применить его к решению проблемы конечных деформаций упруго-пластических тел, высказываются некоторые утверждения о нагрузках бифуркации упруго-пластических оболочек. На примере круговой цилиндрической оболочки, осесимметрически нагруженной, разъясняется названный метод.

1. Einführung

Wegen ihrer großen Bedeutung für die Praxis kommt den Verzweigungsproblemen innerhalb des Ingenieurwesens eine besondere Rolle zu. Während nun für elastische Strukturen seit langem eine gut ausgebaute Theorie und entsprechende Lösungsverfahren vorliegen, ist im Gegensatz dazu die Stabilitätstheorie inelastischer — speziell elastoplastischer — Stoffe weit weniger gut entwickelt und noch recht jungen Ursprungs. Das gilt erst recht für so komplizierte Strukturen, wie sie z. B. Schalentragwerke darstellen. Zwar existieren hier in der Literatur bereits die eine oder andere Arbeit, in der versucht wird, die Gedanken von Engesser, v. Kármán oder Shanley auf die Behandlung von Kreiszylinderschalen zu übertragen — stellvertretend seien hier lediglich [1—3] aufgeführt — eine allgemeine Theorie der Verzweigungslasten beliebiger Schalen fehlt jedoch bislang. Die vorliegende Arbeit will versuchen, diese Lücke zu schließen. Dabei wird der Einfachheit halber von homogenen und isotropen Materialien ausgegangen. Zudem sollen alle Prozesse isotherm ablaufen.

Die Grundgleichungen einer auf diesen Annahmen basierenden Kontinuumstheorie der Verzweigungen elastoplastischer Deformationen sind in Kapitel 2 zusammengestellt. Es zeigt sich nun, daß diese Gleichungen bereits so komplex werden, daß der Versuch, für allgemeinere Strukturen, wie z. B. Schalen, auf analytischem bzw. numerischem Wege zu exakten Lösungen des Eigenwertproblems zu gelangen, hoffnungslos erscheint. Aus diesem Grunde wohl findet man in der Literatur auch nur Lösungen für solche Probleme, in denen „einfache" — meist zylindrische oder quadratische Körper unter homogenen Spannungszuständen im Grundzustand untersucht werden.[1])

In diesem Fall läßt sich das Problem nämlich dadurch wesentlich vereinfachen, daß sich infolge des homogenen Grundzustandes der Körper als Ganzes entweder elastisch oder elastoplastisch verhält. Verläßt man den Bereich solcher Probleme, so treten gleichzeitig im Körper neben elastoplastischen auch Gebiete elastischen Verhaltens auf, wodurch selbst relativ einfache Fragestellungen, wie die Bestimmung der Verzweigungslast radial belasteter dickwandiger langer Zylinder [15], erheblich verkompliziert werden. Allein der dabei unverhältnismäßig stark anwachsende Rechenaufwand zwingt einen, nach einem geeigneten Näherungsverfahren Ausschau zu halten. In Kapitel 3 wird daher aufbauend auf ähnlichen Überlegungen von Hill [4, 5], die Neale in [6] dann weitergeführt hat und die in einigen Arbeiten über Verzweigungslasten dünner Kreiszylinder [7—9, 18] bereits ihren Niederschlag gefunden haben, ein verallgemeinertes inkrementelles Variationsprinzip entwickelt, das dann im folgenden auf die Behandlung allgemeiner Schalentragwerke angewendet wird.

2. Das Eigenwertproblem

Wir betrachten einen Körper, der ausgehend von einem Ausgangszustand $\mathring{B}$ eine endliche Deformation in den Grundzustand B erfahren habe. Existiert nun in diesem Grundzustand ein solches Geschwindigkeitsfeld $\boldsymbol{u}$, das den Körper in mehr als einen Nachbarzustand b überführen könnte, so sprechen wir von einer „Verzweigung" des Problems. Der zu diesem Zeitpunkt t den Grundzustand B charakterisierende Spannungszustand ist dann die „Verzweigungslast", der im folgenden unser Interesse gilt.

Beziehen wir dazu alle Größen auf ein raumfestes Koordinatensystem der Referenzkonfiguration B und berücksichtigen wir, daß die Deformationen aus dem Grund- in den Nachbarzustand klein sein dürfen, so läßt

[1]) Eine Zusammenstellung der entsprechenden Literatur ist in [15] vorgenommen.

sich das vorliegende Eigenwertproblem beschreiben durch die Angabe von: kinematischen Beziehungen, Gleichgewicht, Randbedingungen und Stoffgesetz (s. [15]).

1. Kinematische Beziehungen
Der Tensor der Verzerrungsgeschwindigkeit $\boldsymbol{D}$ sowie der Spintensor $\boldsymbol{W}$ werden definiert als symmetrischer bzw. antimetrischer Anteil des Geschwindigkeitsgradienten $\boldsymbol{U}$

$$\boldsymbol{D} = \frac{1}{2}(\boldsymbol{U} + \boldsymbol{U}^T), \qquad \boldsymbol{W} = \frac{1}{2}(\boldsymbol{U} - \boldsymbol{U}^T). \tag{2.1}$$

2. Gleichgewicht
Aus dem Newtonschen Grundgesetz der Mechanik folgt bei fehlenden Massen- und Volumenkräften für das Gleichgewicht im Nachbarzustand

$$\operatorname{div} \dot{\boldsymbol{S}}_L = 0, \tag{2.2}$$

wenn wir uns der Lagrangeschen Betrachtungsweise bedienen wollen [15]. Dabei ist

$$\dot{\boldsymbol{S}}_L = \dot{\boldsymbol{S}} + \boldsymbol{S}\,\mathrm{Sp}(\boldsymbol{U}) - \boldsymbol{S}\boldsymbol{U}^T \tag{2.3}$$

die materielle Änderungsgeschwindigkeit des Lagrange-Spannungstensors $\boldsymbol{S}_L$, die sich in angegebener Weise durch den Cauchy-Spannungstensor $\boldsymbol{S}$ bzw. dessen Änderungsgeschwindigkeit darstellen läßt.

3. Randbedingungen
Unterteilen wir die Oberfläche des betrachteten Körpers gemäß

$$O = O_u + O_f,$$

in Teilgebiete, auf denen entweder ein Geschwindigkeitszustand $\bar{\boldsymbol{u}}$ oder die Änderungsgeschwindigkeit des Spannungsvektors $\dot{\bar{\boldsymbol{f}}}(\boldsymbol{u})$ vorgegeben sind, so gelten

$$\boldsymbol{u} = \bar{\boldsymbol{u}} \quad \text{auf } O_u, \qquad \dot{\boldsymbol{S}}_L \boldsymbol{n}_L = \dot{\bar{\boldsymbol{f}}}(\boldsymbol{u}) \quad \text{auf } O_f; \tag{2.4}$$

$\boldsymbol{n}_L$ gibt dabei den Normalenvektor der Oberfläche in der Referenzkonfiguration an.

4. Stoffgesetz
Das Stoffgesetz beschreibt nun den Zusammenhang zwischen den Verzerrungsgeschwindigkeiten und den Spannungen bzw. deren Änderungsgeschwindigkeiten. Es läßt sich zeigen [15], daß sich ein solches Stoffgesetz für einen homogenen, isotropen Körper, der im Bereich plastischer Formänderungsanteile

α) der Fließbedingung nach v. Mises

$$\Phi = \mathrm{Sp}(\boldsymbol{T}^2) - k^2 = 0 \tag{2.5}$$

mit einer isotropen Arbeitsverfestigung $k^2(w)$ als Funktion der plastischen Arbeit w sowie

β) einem um einen gewissen „nichtassioziativen“ Anteil ($\varkappa$) erweiterten Formänderungsgesetz nach der „Normalenregel“

$$\boldsymbol{D}p = \dot{\lambda} \frac{\partial \Phi}{\partial \boldsymbol{S}} + \varkappa \mathring{\boldsymbol{T}}_K \tag{2.6}$$

genüge, darstellen läßt durch

$$\mathring{\boldsymbol{S}}_K = \eta \left[\boldsymbol{D} - \frac{1}{3}\zeta\,\mathrm{Sp}(\boldsymbol{D})\,\boldsymbol{1} - \delta \frac{\mathrm{Sp}(\boldsymbol{T}\boldsymbol{D})}{\mathrm{Sp}(\boldsymbol{T}^2)}\boldsymbol{T}\right]. \tag{2.7}$$

Dabei sind dann

$$\mathring{\boldsymbol{T}} = \dot{\boldsymbol{T}} - \boldsymbol{W}\boldsymbol{T} + \boldsymbol{T}\boldsymbol{W} \tag{2.8}$$

die objektive Zeitableitung nach Jaumann und

$$\boldsymbol{T} = \boldsymbol{S} - \mathrm{Sp}(\boldsymbol{S})\,\boldsymbol{1} \tag{2.9}$$

der Deviator des Spannungstensors. $\boldsymbol{S}_K$ ist der auf die aktuelle Konfiguration (Konfiguration des Nachbarzustandes) bezogene Kirchhoff-Spannungstensor mit

$$\dot{\boldsymbol{S}}_K = \dot{\boldsymbol{S}} + \boldsymbol{S}\,\mathrm{Sp}(\boldsymbol{U}) \tag{2.10}$$

und η, ζ und δ sind dimensionslose Werkstoffparameter, von denen sich η und ζ gemäß

$$\eta = \frac{2G}{1 + \varkappa 2G}, \qquad \zeta = 1 - \frac{3K}{\eta} \tag{2.11}$$

durch die bekannten Konstanten Gleit (G)- und Kompressionsmodul (K) sowie durch den den „nichtassoziativen“ Anteil von (2.6) steuernden Parameter $\varkappa$ ausdrücken lassen. Die Größe δ ist dann wegen

$$\delta = \frac{1 - \varkappa \dfrac{\mathrm{d}k^2}{2\,\mathrm{d}w}}{1 + \dfrac{1}{2G}\dfrac{\mathrm{d}k^2}{2\,\mathrm{d}w}}, \qquad 0 \leqq \delta \leqq 1 \tag{2.12}$$

ein Verfestigungsparameter, der für rein elastisches Verhalten sowie im Falle einer Entlastung den Wert 0, für elasto-idealplastisches Verhalten den Wert 1 annimmt (s. [15]).

Es läßt sich nun zeigen, daß dieses Stoffgesetz, das sich wegen (2.10) bzw. (2.8) auch als

$$\dot{\boldsymbol{S}}_L = \eta\left[\boldsymbol{D} - \frac{\zeta}{3}\,\mathrm{Sp}(\boldsymbol{D})\,\boldsymbol{1} - \delta\,\frac{\mathrm{Sp}\,(\boldsymbol{T}\boldsymbol{D})}{\mathrm{Sp}(\boldsymbol{T}^2)}\,\boldsymbol{T}\right] + \boldsymbol{W}\boldsymbol{S} - \boldsymbol{S}\boldsymbol{D} \tag{2.13}$$

schreiben läßt, durch

$$\dot{\boldsymbol{S}}_L = \frac{\partial A(\boldsymbol{u})}{\partial \boldsymbol{U}^T} \tag{2.14}$$

aus einem Potential

$$A(\boldsymbol{u}) = \frac{1}{2}\,\mathrm{Sp}\,(\boldsymbol{U}^T\dot{\boldsymbol{S}}_L) = \frac{\eta}{2}\left[\mathrm{Sp}(\boldsymbol{D}^2) - \frac{\zeta}{3}\,\mathrm{Sp}^2(\boldsymbol{D}) - \delta\,\frac{\mathrm{Sp}^2(\boldsymbol{T}\boldsymbol{D})}{\mathrm{Sp}(\boldsymbol{T}^2)}\right] - \mathrm{Sp}(\boldsymbol{S}\boldsymbol{D}\boldsymbol{D}) + \frac{1}{2}\,\mathrm{Sp}(\boldsymbol{S}\boldsymbol{U}^T\boldsymbol{U}) \tag{2.15}$$

abgeleitet werden kann. Mit Hilfe der LEGENDRE-Transformation

$$A(\boldsymbol{u}) + A^*(\dot{\boldsymbol{S}}) = \mathrm{Sp}(\boldsymbol{U}^T\dot{\boldsymbol{S}}_L) \tag{2.16}$$

gelingt es dann auch (2.14) zu invertieren:

$$\boldsymbol{U}^T = \frac{\partial A^*(\dot{\boldsymbol{S}})}{\partial \dot{\boldsymbol{S}}_L}\,. \tag{2.17}$$

Für dieses Eigenwertproblem wollen wir durch Einführen eines Variationsprinzips Möglichkeiten zu einer näherungsweisen Behandlung eröffnen.

3. Variationsprinzipe

Bedienen wir uns dazu zunächst des Prinzips der virtuellen Geschwindigkeiten, so erhalten wir ausgehend von (2.2) bzw. (2.4)

$$\mathrm{div}\,\dot{\boldsymbol{S}}_L = O \quad \text{in } V\,, \qquad \dot{\boldsymbol{S}}_L\boldsymbol{n}_L = \dot{\boldsymbol{f}} = \bar{\dot{\boldsymbol{f}}}(\boldsymbol{u}) \quad \text{auf } O_f \tag{3.1}$$

mit Hilfe des GAUSS'schen Satzes die Aussage

$$\int_V \mathrm{Sp}\,(\delta\boldsymbol{U}^T\dot{\boldsymbol{S}}_L)\,\mathrm{d}V = \int_{O_f} \delta\boldsymbol{u}\cdot\bar{\dot{\boldsymbol{f}}}\,\mathrm{d}O + \underline{\int_{O_u} \delta\boldsymbol{u}\cdot\dot{\boldsymbol{f}}\,\mathrm{d}O}\,. \tag{3.2}$$

Entsprechend gelangen wir von (2.1) sowie (2.4)

$$\boldsymbol{D} - \boldsymbol{W} = \boldsymbol{U}^T \quad \text{in } V\,, \qquad \boldsymbol{u} = \bar{\boldsymbol{u}} \quad \text{auf } O_u \tag{3.3}$$

mit Hilfe des Prinzips der virtuellen Spannungsgeschwindigkeiten auf

$$\int_V \mathrm{Sp}\,\{\boldsymbol{U}^T\,\delta\dot{\boldsymbol{S}}_L + \underline{\boldsymbol{u}\,\mathrm{div}\,(\delta\dot{\boldsymbol{S}}_L)}\}\,\mathrm{d}V = \int_{O_u} \bar{\boldsymbol{u}}\cdot\delta\dot{\boldsymbol{S}}_L\boldsymbol{n}_L\,\mathrm{d}O + \underline{\int_{O_f} \boldsymbol{u}\cdot\delta\dot{\boldsymbol{S}}_L\boldsymbol{n}_L\,\mathrm{d}O}\,. \tag{3.4}$$

Geht man bei der Herleitung dieser Prinzipe — wie in der Literatur vielfach üblich — von kinematisch zulässigen Geschwindigkeitsfeldern bzw. statisch zulässigen Spannungsgeschwindigkeiten aus, so entfallen die in (3.2) bzw. (3.4) unterstrichenen Terme, die hier mit Blick auf eine Verallgemeinerung mitgenommen werden sollen.

Wegen (2.14), (2.16) bzw. (2.17) und unter der Voraussetzung selbst-adjungierter Randbedingungen auf O_f, für die sich der Vektor der Spannungsgeschwindigkeit $\bar{\dot{\boldsymbol{f}}}$ gemäß

$$\bar{\dot{\boldsymbol{f}}} = \frac{\partial\psi(\boldsymbol{u})}{\partial\boldsymbol{u}} \tag{3.5}$$

aus einem Potential $\psi(\boldsymbol{u})$ ableiten läßt [5], erhalten wir nun

$$\delta A(\boldsymbol{u}) = \mathrm{Sp}\left[\frac{\partial A(\boldsymbol{u})}{\partial\boldsymbol{U}^T}\,\delta\boldsymbol{U}^T\right] = \mathrm{Sp}(\dot{\boldsymbol{S}}_L\,\delta\boldsymbol{U}^T)\,,$$

$$\delta A^*(\dot{\boldsymbol{S}}) = \mathrm{Sp}\left[\frac{\partial A^*(\dot{\boldsymbol{S}})}{\partial\dot{\boldsymbol{S}}_L}\,\delta\dot{\boldsymbol{S}}_L\right] = \mathrm{Sp}(\boldsymbol{U}^T\,\delta\dot{\boldsymbol{S}}_L)\,, \qquad \delta\psi(\boldsymbol{u}) = \frac{\partial\psi(\boldsymbol{u})}{\partial\boldsymbol{u}}\cdot\delta\boldsymbol{u} = \bar{\dot{\boldsymbol{f}}}\cdot\delta\boldsymbol{u}\,. \tag{3.6}$$

Damit lassen sich dann zwei verallgemeinerte „inkrementelle" Funktionale angeben,

$$\pi = \int_V A(\boldsymbol{u})\,\mathrm{d}V - \int_{O_f} \psi(\boldsymbol{u})\,\mathrm{d}O - \int_{O_u} (\boldsymbol{u} - \bar{\boldsymbol{u}}) \cdot \dot{\boldsymbol{f}}\,\mathrm{d}O\,,$$

$$\pi^* = \int_V [A^*(\dot{\boldsymbol{S}}) - \mathrm{Sp}(\boldsymbol{U}^T\dot{\boldsymbol{S}}_L)]\,\mathrm{d}V + \int_{O_f} \psi(\boldsymbol{u})\,\mathrm{d}O + \int_{O_u} (\boldsymbol{u} - \bar{\boldsymbol{u}}) \cdot \dot{\boldsymbol{f}}\,\mathrm{d}O\,, \tag{3.7}$$

die wegen

$$\delta\pi = 0 \quad \text{bzw.} \quad \delta\pi^* \doteq 0 \tag{3.8}$$

stationäre Werte annehmen. Rein formal sind diese Variationsaussagen der bekannten Variationsaussage von Hellinger/Reissner äquivalent (s. z. B. [17]).

Für die folgende Rechnung wollen wir nun die Annahme

$$\dot{\bar{\boldsymbol{f}}}(\boldsymbol{u}) = 0 \quad \text{auf } O_f \tag{3.9}$$

treffen. Verabreden wir gleichzeitig, daß bei der Wahl von Geschwindigkeitsfeldern stets von kinematisch zulässigen ausgegangen wird, so vereinfacht sich das erste Funktional von (3.7) ganz wesentlich:

$$\pi = \int_V A(\boldsymbol{u})\,\mathrm{d}V \tag{3.10}$$

bzw. mit (2.15)

$$\pi = \frac{1}{2}\int_V \left\{\eta\left[\mathrm{Sp}(\boldsymbol{D}^2) - \frac{\zeta}{3}\mathrm{Sp}^2(\boldsymbol{D}) - \delta\frac{\mathrm{Sp}^2(\boldsymbol{TD})}{\mathrm{Sp}(\boldsymbol{T}^2)}\right] - 2\,\mathrm{Sp}(\boldsymbol{SDD}) + \mathrm{Sp}(\boldsymbol{SU}^T\boldsymbol{U})\right\}\mathrm{d}V\,. \tag{3.11}$$

Dieses Funktional soll im folgenden auf den Schalenraum übertragen werden.

4. Anwendung auf Schalentragwerke

4.1 Allgemeines

Physikalisch gesehen sind Schalen dreidimensionale Körper, deren eine Abmessung — die Dicke — klein ist gebenüber den anderen Abmessungen. Dieser Umstand legt es nahe, durch Halbieren des Abstandes der beiden Schalenlaibungen eine Schalenmittelfläche zu definieren und alle Aussagen des dreidimensionalen Kontinuums auf eine im allgemeinen räumlich gekrümmte Fläche zu reduzieren. Diesen Weg wollen wir hier benutzen, um das vorstehende im Kontinuum verhaftete Variationsprinzip in ein spezielles Prinzip zur Behandlung schalenartiger Tragwerke zu überführen. In der Bezeichnungsweise folgen wir dabei im wesentlichen den Standardwerken von Green/Zerna [10], Naghdi [12] bzw. Zerna [11].

Entsprechend den eingangs getroffenen Annahmen betrachten wir die deformierte Schale als Bezugskonfiguration und werden ausgehend von dieser Konfiguration die Existenz bzw. Eindeutigkeit unterschiedlicher Geschwindigkeitsfelder untersuchen. Wie üblich, durchlaufen im folgenden griechische Indizes die Werte 1 und 2, lateinische die Werte 1 bis 3.

4.2 Geometrische Beziehungen

Zerna [11] folgend sei die Form der betrachteten Schalenmittelfläche festgelegt durch den Ortsvektor

$$L\boldsymbol{r} = L\boldsymbol{r}(x_1, x_2) \tag{4.1}$$

in dem L eine für die Schale charakteristische Längenabmessung wiedergibt und die Werte x_α einzelne Punkte auf der Mittelfläche bestimmen (Abb. 1). Bezeichnen wir nun den Normalenvektor der Mittelfläche mit $\boldsymbol{a}$ und messen in seiner Richtung den Abstand eines beliebigen Punktes P von der Mittelfläche mit z, so gilt für den Ortsvektor dieses Punktes

$$\boldsymbol{R} = L[\boldsymbol{r}(\Theta_1, \Theta_2) + \lambda\Theta\boldsymbol{a}(\Theta_1, \Theta_2)] \tag{4.2}$$

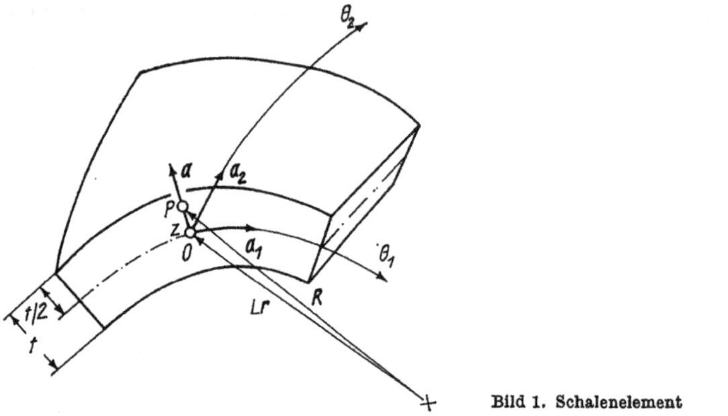

Bild 1. Schalenelement

mit den dimensionslosen Koordinaten

$$\Theta_\alpha = \frac{x_\alpha}{L_\alpha}, \qquad -1 \leqq \Theta_\alpha \leqq 1, \qquad \Theta = \frac{z}{t}, \qquad -\frac{1}{2} \leqq \Theta \leqq \frac{1}{2} \tag{4.3}$$

und der dimensionslosen Konstanten

$$\lambda = \frac{t}{L}. \tag{4.4}$$

Ordnen wir der Mittelfläche die Basisvektoren

$$\boldsymbol{a}_\alpha = \boldsymbol{r}_{,\alpha}$$

zu und beziehen nun das Geschwindigkeitsfeld eines beliebigen Schalenpunktes auf diese Basis,

$$\boldsymbol{u} = \bar{u}_\alpha \boldsymbol{a}^\alpha + \bar{u}\boldsymbol{a} = \bar{u}^\alpha \boldsymbol{a}_\alpha + \bar{u}\boldsymbol{a}, \tag{4.5}$$

so erhalten wir nach [11, 12] für die einzelnen Komponenten des Geschwindigkeitsgradienten $\boldsymbol{U}$

$$\begin{aligned} U^{\alpha}_{\cdot\beta} &= \frac{1}{L}\lambda^{\alpha}_{\varrho}(\bar{u}^{\varrho}\|_{\beta} - b^{\varrho}_{\beta}\bar{u}), & U^{\alpha}_{\cdot 3} &= \frac{1}{L}\lambda^{\alpha}_{\varrho}\bar{u}^{\varrho}_{,3}, & U^{3}_{\cdot\beta} &= \frac{1}{L\lambda}(\bar{u}_{,\beta} + b_{\beta\varrho}\bar{u}^{\varrho}), \\ U^{\cdot\alpha}_{\beta} &= \frac{1}{L}\mu^{\varrho}_{\beta}(\bar{u}_{\varrho}\|_{\nu} - b_{\varrho\nu}\bar{u})\,c^{\nu\alpha}, & U^{\cdot\alpha}_{3} &= \frac{\lambda}{L}(\bar{u}_{,\nu} + b_{\nu\varrho}\bar{u}^{\varrho})\,c^{\nu\alpha}, & U^{\cdot 3}_{\beta} &= \frac{1}{L\lambda^2}\mu^{\varrho}_{\beta}\bar{u}_{\varrho,3}, \\ U_{\alpha\beta} &= L\mu^{\varrho}_{\alpha}(\bar{u}_{\varrho}\|_{\beta} - b_{\varrho\beta}\bar{u}), & U_{33} &= L\lambda\bar{u}_{,3}. \end{aligned} \tag{4.6}$$

Dabei sind

$$\mu^{\gamma}_{\alpha} = \delta^{\gamma}_{\alpha} - \lambda\Theta b^{\gamma}_{\alpha}, \qquad \lambda^{\gamma}_{\alpha} = (\mu^{-1})^{\gamma}_{\alpha} \tag{4.7}$$

die üblicherweise so eingeführten shifter und der Doppelstrich bezeichnet die auf die Basis der Schalenmittelfläche bezogene kovariante Ableitung [12]. Zur Abkürzung wurde in (4.6)

$$c^{\alpha\beta} = \lambda^{\alpha}_{\nu}\lambda^{\nu\beta} = a^{\alpha\beta} + 2\lambda\Theta b^{\alpha\beta} + 3(\lambda\Theta)^2 b^{\alpha}_{\nu}b^{\nu\beta} + \cdots \tag{4.8}$$

eingeführt. $a^{\alpha\beta}$ bzw. $b^{\alpha\beta}$ sind darin die bekannten Fundamentalgrößen 1. und 2. Ordnung der Mittelfläche [11]. Gemäß (2.1) lassen sich damit dann auch die benötigten Komponenten des Tensors der Verzerrungsgeschwindigkeiten sowie des Spintensors bestimmen.

4.3 Geschwindigkeitsfeld

Die in (4.5) angegebenen Komponenten des Geschwindigkeitszustandes $\bar{u}_\alpha$ und $\bar{u}$ sind noch Funktionen aller drei Koordinatenrichtungen Θ_α und Θ. Um nun das Geschwindigkeitsfeld des Körpers durch Integration über die Schalendicke reduzieren zu können auf ein spezielles Geschwindigkeitsfeld der Schalenmittelfläche, ist man gezwungen, die Abhängigkeit dieser Komponenten von der Richtung Θ explizit anzugeben. Dazu greifen wir auf die in der Schalentheorie übliche Darstellung des Verformungszustandes zurück (siehe [10, 11]) und wählen für das Geschwindigkeitsfeld in entsprechender Weise

$$\boldsymbol{u} = L[\boldsymbol{v} + \lambda\Theta\boldsymbol{w}] \tag{4.9}$$

mit den Flächenvektoren

$$\boldsymbol{v} = v_\alpha \boldsymbol{a}^\alpha + w\boldsymbol{a}, \qquad \boldsymbol{w} = w_\alpha \boldsymbol{a}^\alpha,$$

wobei wir hier nur der Einfachheit halber der Kirchhoff/Love-Hypothese folgend ein Normalbleiben der Normalen des Geschwindigkeitsfeldes voraussetzen wollen.

In (4.9) sind die Komponenten v_α, w_α und w lediglich noch Funktionen der Flächenkoordinaten Θ_α. Vergleichen wir daher (4.9) mit (4.5), so gelten

$$\bar{u}_\alpha = L(v_\alpha + \lambda\Theta w_\alpha), \qquad \bar{u} = Lw. \tag{4.10}$$

Aus der Normalenhypothese folgt ferner [11]

$$w_\alpha = -w_{,\alpha} - b^{\lambda}_{\alpha}v_\lambda. \tag{4.11}$$

Damit sind wir in der Lage, alle kinematischen Größen durch die drei unbekannten Funktionen $v_\alpha(\Theta_1, \Theta_2)$ und $w(\Theta_1, \Theta_2)$ auszudrücken. Davon abgesehen enthalten diese Beziehungen dann lediglich noch mit steigenden Potenzen der dritten Koordinate Θ verknüpfte Aussagen über die Geometrie der Schalenmittelfläche, so daß sich Integrationen über die Schalendicke ohne Schwierigkeiten ausführen lassen.

4.4 Spannungszustand

Neben den bisher behandelten aus dem Geschwindigkeitsfeld abgeleiteten Tensoren $\boldsymbol{U}$, $\boldsymbol{D}$ und $\boldsymbol{W}$ enthält das Funktional (3.11) auch noch Aussagen über den Spannungszustand $\boldsymbol{S}$ des Körpers im betrachteten Grundzustand. In der Schalentheorie ist es üblich, diese Spannungen durch

$$n^{\alpha\beta} = \int_{-1/2}^{1/2} \bar{\sigma}^{\alpha\beta}\,\mathrm{d}\Theta, \qquad m^{\alpha\beta} = \lambda\int_{-1/2}^{1/2} \bar{\sigma}^{\alpha\beta}\Theta\,\mathrm{d}\Theta, \qquad q^{\alpha} = \lambda\int_{-1/2}^{1/2} \bar{\sigma}^{\alpha 3}\,\mathrm{d}\Theta, \qquad T = \lambda\int_{-1/2}^{1/2} \bar{\sigma}^{33}\,\mathrm{d}\Theta, \tag{4.12}$$

zu Schnittgrößen zusammenzufassen. Darin sind

$$\bar{\sigma}^{i\varrho} = \lambda L^3 \sigma^{i\alpha} \mu^{\varrho}_{\alpha} \mu\,, \qquad \bar{\sigma}^{i3} = \lambda L^3 \sigma^{i3} \mu \tag{4.13}$$

und σ^{ik} die kontravarianten Komponenten des CAUCHYschen Spannungstensors $\boldsymbol{S}$. Es liegt nun nahe, den als bekannt vorausgesetzten Grunddeformationen der Schale die Merkmale der Membrantheorie zuzuschreiben, also [11]

$$n^{\alpha\beta} = \bar{\sigma}^{\alpha\beta} \quad \text{bzw.} \quad m^{\alpha\beta} = q^{\alpha} = T = 0 \tag{4.14}$$

zu setzen.

4.5 Randbedingungen

Auf den Schalenlaibungen $\Theta = \pm\,(1/2)$ sind gemäß (2.4) die Randbedingungen der Spannungsgeschwindigkeiten

$$\dot{\sigma}^{i3}_{L} = 0 \tag{4.15}$$

zu befriedigen. Unter Zuhilfenahme von (2.13) können wir (4.15) auch schreiben als

$$\begin{aligned} \dot{\sigma}^{\gamma 3}_{L} &= D^{\alpha 3}\,(\eta \delta^{\gamma}_{\alpha} - \sigma^{\gamma}_{\alpha}) = 0 \\ \dot{\sigma}^{33}_{L} &= D^{33} - \frac{1}{3} g^{33} \left[\zeta\,\mathrm{Sp}(\boldsymbol{D}) - \delta\,\mathrm{Sp}(\boldsymbol{S}) \frac{\mathrm{Sp}(\boldsymbol{TD})}{\mathrm{Sp}(\boldsymbol{T}^2)}\right] = 0\,, \end{aligned} \tag{4.16}$$

wobei wir hier von den Annahmen (4.14) bereits Gebrauch gemacht haben. Aufgrund des in (4.3) gewählten Geschwindigkeitsfeldes werden nun mit (4.10) und (4.11)

$$D_{\alpha 3} = D_{33} = 0\,, \tag{4.17}$$

was zwar die beiden ersten Gleichungen von (4.16) identisch erfüllt, wegen $D_{33} = 0$ in der dritten jedoch auf einen Widerspruch führt.

Diesem Widerspruch kann man nun in zweierlei Hinsicht begegnen: Zum einen gilt es zu bedenken, daß das entwickelte Variationsprinzip als Ansatzfunktionen lediglich kinematisch zulässige Funktionen benötigt, so daß dieser Widerspruch hier durchaus bestehen bleiben darf. Auf der anderen Seite ließe sich aus (4.16) auch eine Forderung für die Form von D_{33} ableiten,

$$D^{3}_{3} = -\,k_1 D^{\alpha}_{\alpha} - k_2 \sigma^{\alpha\beta} D_{\beta\alpha} \lambda L \mu \tag{4.18}$$

mit

$$k_1 = \frac{A}{1+A}\,, \qquad k_2 = \frac{1}{3}\delta \frac{1}{1+A} \frac{\mathrm{Sp}(\boldsymbol{S})}{\mathrm{Sp}(\boldsymbol{T}^2)} \frac{1}{\lambda L \mu}\,, \qquad A = -\frac{1}{3}\left[\zeta + \frac{1}{3}\delta \frac{\mathrm{Sp}(\boldsymbol{S})^2}{\mathrm{Sp}(\boldsymbol{T}^2)}\right],$$

die nun ihrerseits im Widerspruch zum gewählten Geschwindigkeitsfeld steht, jedoch den Randbedingungen an den Laibungen genügt. Beide angedeuteten Lösungswege sind möglich. Wir werden uns hier für letzteren entscheiden, weil er für den Sonderfall

$$k_1 = k_2 = 0$$

die erstgenannte Möglichkeit mit beinhaltet und insofern allgemeiner erscheint.

5. Variationsprinzip für dünne Schalen

Berücksichtigen wir nun die im vorigen Kapitel getroffenen Annahmen bezüglich des Geschwindigkeitsfeldes und des Spannungszustandes der Schale, so läßt sich das Funktional (3.11) schreiben als

$$\pi = \lambda L \int_{f} \int_{-1/2}^{1/2} \bar{F}(\Theta_1, \Theta_2, \Theta)\, \mu\, \mathrm{d}\Theta\, \mathrm{d}f\,, \tag{5.1}$$

da

$$\begin{aligned} \mathrm{d}V &= \sqrt{g}\, \mathrm{d}\Theta^1\, \mathrm{d}\Theta^2\, \mathrm{d}\Theta \\ &= \lambda L\, \mathrm{d}\Theta\, \mathrm{d}f\,, \end{aligned}$$

wenn

$$\mathrm{d}f = L^2 \sqrt{a}\, \mathrm{d}\Theta^1\, \mathrm{d}\Theta^2 \tag{5.2}$$

ein Flächenelement der Schalenmittelfläche angibt [11]. Die genannten Annahmen ermöglichen es, den Integranden des Funktionals (5.1) durch Ordnen seiner Glieder nach Potenzen von $\lambda\Theta$ in Form einer Potenzreihe

$$F(\Theta_1, \Theta_2, \Theta) = \bar{F}(\Theta_1, \Theta_2, \Theta)\, \mu = \sum_{i=0}^{n} (\lambda\Theta)^i \overset{(i)}{F}(\Theta_1, \Theta_2) \tag{5.3}$$

darzustellen. Damit läßt sich dann in (5.1) die Integration über die Schalendicke ausführen und wir erhalten

$$\pi = \lambda L \int_{f} \left\{ \overset{(0)}{F} + \frac{\lambda^2}{12} \overset{(2)}{F} + \frac{\lambda^4}{80} \overset{(4)}{F} + \frac{\lambda^6}{448} \overset{(6)}{F} + \ldots \right\} \mathrm{d}f\,. \tag{5.4}$$

Setzen wir hier nun ferner Konvergenz der Potenzreihe (5.3) voraus, so können in (5.4), insbesondere für dünne Schalen mit

$$\lambda \ll 1 \tag{5.5}$$

ohne Bedenken alle Glieder der Ordnung 4 und größer vernachlässigt werden.

$$\pi = \lambda L \int_f \left\{ \overset{(0)}{F} + \frac{\lambda^2}{12} \overset{(2)}{F} \right\} \mathrm{d}f\,. \tag{5.6}$$

Unter dieser Maßgabe erhalten wir nach einiger Rechnung für die beiden verbleibenden Reihenglieder

$$\overset{(0)}{F} = 2 \left\{ \alpha^{\varrho\lambda}\alpha_{\lambda\varrho} + k_1(\alpha^\varrho_\varrho)^2 + 2k_2 n^{\varrho\nu}\,\alpha_{\nu\varrho}\alpha^\lambda_\lambda + k_3(n^{\varrho\nu}\alpha_{\nu\varrho})^2 - \frac{1}{\lambda L}\frac{n^{\alpha\varrho}}{\eta}\left[\alpha^*_{\varrho\nu}\,(2\alpha^{\nu}_{\alpha} + \alpha^{*\nu}_{\cdot\alpha}) + \alpha_{\varrho\nu}\alpha^{\nu}_{\alpha} - w_\alpha w_\varrho\right] \right\}$$

$$\begin{aligned} \overset{(2)}{F} = 2\{ & b\alpha^{\varrho\lambda}\alpha_{\lambda\varrho} - 2b^\nu_\nu\alpha^{\varrho\lambda}\omega_{\lambda\varrho} + \omega^{\varrho\lambda}\omega_{\lambda\varrho} + 2\alpha^{\nu\alpha}(b^\varrho_\alpha w_\nu||_\varrho + b^\varrho_\gamma b^\gamma_\alpha v_\nu||_\varrho - b^\varrho_\gamma b^\gamma_\alpha b_{\nu\varrho} w) \\ & + k_1\,[b(\alpha^\varrho_\varrho)^2 + (\omega^\varrho_\varrho)^2 + 2\alpha^\lambda_\lambda(b^\varrho_\nu\omega^\nu_\varrho - b^\nu_\nu\omega^\varrho_\varrho)] + 2k_2\,[n^{\varrho\nu}\alpha_{\nu\varrho}(b\alpha^\lambda_\lambda - b^\gamma_\gamma\omega^\lambda_\lambda + b^\lambda_\gamma\omega^\gamma_\lambda) \\ & + n^{\varrho\nu}\beta_{\nu\varrho}(\omega^\lambda_\lambda - b^\gamma_\gamma\alpha^\lambda_\lambda)] + k_3[b(n^{\varrho\nu}\alpha_{\nu\varrho})^2 + (n^{\varrho\nu}\beta_{\nu\varrho})^2 - 2b^\lambda_\lambda n^{\varrho\nu}\alpha_{\nu\varrho}n^{\alpha\beta}\beta_{\beta\alpha}]\}\,, \end{aligned} \tag{5.7}$$

wobei zur Abkürzung eingeführt wurden

$$\alpha_{\varrho\lambda} = \frac{1}{2}(v_\varrho||_\lambda + v_\lambda||_\varrho - 2b_{\varrho\lambda}w)\,, \qquad \alpha^*_{\varrho\lambda} = \frac{1}{2}(v_\varrho||_\lambda - v_\lambda||_\varrho)\,, \qquad \beta_{\varrho\lambda} = \frac{1}{2}(w_\varrho||_\lambda + w_\lambda||_\varrho) \tag{5.8}$$

$$\omega_{\varrho\lambda} = \beta_{\varrho\lambda} + \frac{1}{2}(b^\nu_\varrho v_\lambda||_\nu + b^\nu_\lambda v_\varrho||_\nu - 2b^\nu_\varrho b_{\nu\lambda} w)\,.$$

Für die unter (4.18) eingeführten Koeffizienten k_1 und k_2 bzw. der aus diesen beiden Angaben zusammengesetzten Größe k_3 gilt unter Beachtung des Membranspannungszustandes (4.14)

$$k_1 = \frac{A}{1+A}\,, \qquad k_2 = \frac{1}{3}\delta\frac{1}{1+A}\frac{n^{\varrho\lambda}a_{\lambda\varrho}}{B}\,, \qquad k_3 = -\left(1 - \frac{1}{3}\zeta\right)\frac{\delta}{B(1+A)} \tag{5.9}$$

mit

$$A = -\frac{1}{3}\left[\zeta + \frac{1}{3}\delta\frac{(n^{\varrho\lambda}a_{\lambda\varrho})^2}{B}\right], \qquad B = n^{\varrho\lambda}n^{\alpha\beta}a_{\lambda\alpha}a_{\varrho\beta} - \frac{1}{3}(n^{\varrho\lambda}a_{\lambda\varrho})^2\,.$$

Sind $n^{\alpha\beta}$ die gesuchten Eigenwerte des betrachteten Verzweigungsproblems, so stellt sich das Funktional π (5.6) dar als eine Funktion des Geschwindigkeitsfeldes $\boldsymbol{u}$ (4.9) bzw. der Komponenten dieses Feldes v_α, w_α und w:

$$\pi = \lambda L \int_f F(v_\alpha, w_\alpha, w)\,\mathrm{d}f\,. \tag{5.10}$$

Als Nebenbedingung gilt dabei (4.11)

$$N_\alpha = w_\alpha + w_{,\alpha} + b^\lambda_\alpha v_\lambda = 0\,. \tag{5.11}$$

Die Variation des Geschwindigkeitsfeldes führt dann als notwendiges Kriterium für die Existenz eines stationären Wertes von π auf die Eulergleichungen

$$\frac{\partial H}{\partial v_\alpha} - \left\{\frac{\partial F}{\partial v_\alpha||_\beta}\right\}\Bigg|\Bigg|_\beta = 0\,, \qquad \frac{\partial H}{\partial w_\alpha} - \left\{\frac{\partial F}{\partial w_\alpha||_\beta}\right\}\Bigg|\Bigg|_\beta = 0\,, \qquad \frac{\partial H}{\partial w} - \left\{\frac{\partial H}{\partial w_{,\beta}}\right\}_{,\beta} = 0\,, \tag{5.12}$$

aus denen sich die Gleichgewichtsbedingungen des Problems gewinnen lassen. In H sind dabei die Nebenbedingungen (5.11) mit Hilfe Lagrangescher Multiplikatoren berücksichtigt:

$$H(\Theta_\alpha) = F(\Theta_\alpha) + l^\varrho(\Theta_\alpha)\,N_\varrho(\Theta_\alpha)\,. \tag{5.13}$$

6. Beispiel: Kreiszylinderschalen[2])

6.1 Allgemeines

Als Beispiel für die Anwendung dieses Variationsprinzips wollen wir die Verzweigungslasten von Kreiszylinderschalen unter Axiallast, Außendruck und Schubbeanspruchung bestimmen (Abb. 2). Für Kreiszylinderschalen gilt nach [13]

$$a_{\alpha\beta} = \frac{1}{L^2}\begin{pmatrix}1 & 0\\ 0 & r^2\end{pmatrix}, \qquad a^{\alpha\beta} = L^2\begin{pmatrix}1 & 0\\ 0 & \dfrac{1}{r^2}\end{pmatrix}, \qquad b_{\alpha\beta} = \frac{1}{L}\begin{pmatrix}0 & 0\\ 0 & r\end{pmatrix}. \qquad (6.1) \quad (6.2)$$

---

[2]) Bei der Durchführung der Berechnungen war mir Herr Dipl.-Ing. Busbach, Lehrstuhl für Mechanik der Universität Dortmund, behilflich.

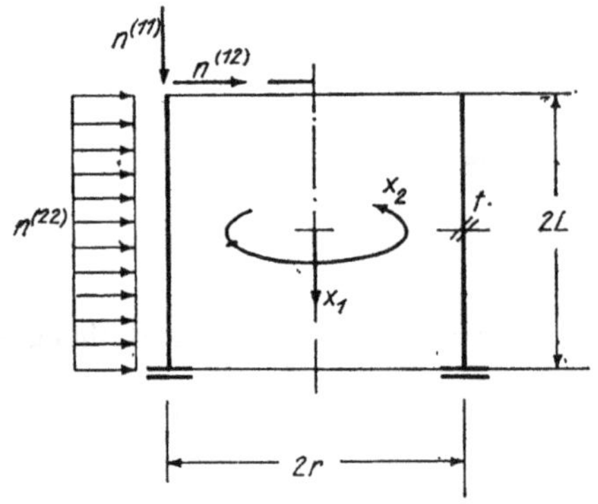

Bild 2. Kreiszylinderschale mit Belastung

Damit vereinfacht sich das Funktional (5.6) zu

$$\pi = \int_f \left\{ \overset{(0)}{F} + \frac{\lambda^2}{12} \overset{(2)}{F} \right\} \mathrm{d}f \,, \qquad \delta\pi = 0 \tag{6.3}$$

mit

$$\overset{(0)}{F} = \alpha^{\varrho\lambda}\alpha_{\lambda\varrho} + k_1(\alpha_\varrho^\varrho)^2 + 2k_2 n^{\varrho\nu}\alpha_{\nu\varrho}\alpha_\lambda^\lambda + k_3(n^{\varrho\nu}\alpha_{\nu\varrho})^2 - \frac{1}{\lambda L}\frac{n^{\varrho\lambda}}{\eta}[\alpha_{\varrho\nu}^* (2\alpha_\lambda^\nu + \alpha^{*\nu}_{\cdot\lambda}) + \alpha_{\varrho\nu}\alpha_\lambda^\nu - w_\varrho w_\lambda]$$

$$\overset{(2)}{F} = \omega^{\varrho\lambda}\omega_{\lambda\varrho} - 2b_2^2\alpha^{\varrho\lambda}\omega_{\lambda\varrho} + 2b_2^2\alpha^{\nu 2}[w_{\nu,2} + b_2^2(v_{\nu,2} - b_{\nu 2}w)] + k_1[(\omega_\varrho^\varrho)^2 - 2b_2^2\alpha_\lambda^\lambda\omega_1^1]$$
$$+ 2k_2[-n^{\varrho\nu}\alpha_{\nu\varrho}b_2^2\omega_1^1 + n^{\varrho\nu}\beta_{\nu\varrho}(\omega_\lambda^\lambda - b_2^2\alpha_\lambda^\lambda)] + k_3[(n^{\varrho\nu}\beta_{\nu\varrho})^2 - 2b_2^2 n^{\varrho\nu}\alpha_{\nu\varrho}n^{\alpha\beta}\beta_{\beta\alpha}]$$

und für die gemäß (5.8) bzw. (5.11) eingeführten Größen der Schalenmittelfläche erhalten wir

$$\alpha_{\varrho\lambda} = \begin{pmatrix} v_1' & \frac{1}{2}(\dot{v}_1 + v_2') \\ \frac{1}{2}(\dot{v}_1 + v_2') & \dot{v}_2 - rv_3 \end{pmatrix}, \qquad \alpha_{\varrho\lambda}^* = \begin{pmatrix} 0 & \frac{1}{2}(\dot{v}_1 - v_2') \\ -\frac{1}{2}(\dot{v}_1 - v_2') & 0 \end{pmatrix},$$

$$\beta_{\varrho\lambda} = -L\begin{pmatrix} v_3'' & \dot{v}_3' + \frac{1}{2}\frac{v_2'}{r} \\ \dot{v}_3' + \frac{1}{2}\frac{v_2'}{r} & \ddot{v}_3 + \frac{\dot{v}_2}{r} \end{pmatrix}, \tag{6.5}$$

$$\omega_{\varrho\lambda} = -L\begin{pmatrix} v_3'' & \dot{v}_3' + \frac{1}{2r}(v_2' - \dot{v}_1) \\ \dot{v}_3' + \frac{1}{2r}(v_2' - \dot{v}_1) & \ddot{v}_3 + v_3 \end{pmatrix}, \qquad w_\varrho = -L\begin{pmatrix} v_3' \\ \dot{v}_3 + \frac{v_2}{r} \end{pmatrix},$$

wenn die Geschwindigkeitskomponente w durch Lv_3 und die Ableitungen nach den Flächenkoordinaten Θ_α entsprechend

$$(\ )_{,1} \Rightarrow (\ )' \quad \text{bzw.} \quad (\ )_{,2} \Rightarrow (\ )^{\cdot}$$

ersetzt werden.

Die Lösung der Variationsaufgabe erfolgt nun je nach Belastungsart mit Hilfe eines RITZ-Ansatzes

$$v_i = \sum_{k=1}^{n} \varphi_{ik}\tilde{v}_{ik}(\Theta_1, \Theta_2) \qquad (i = 1, 2, 3) \tag{6.6}$$

kinematisch zulässiger Ansatzfunktionen $\tilde{v}_{ik}(\Theta_1, \Theta_2)$. Die Differentiation des dann auswertbaren Integrals π nach den Parametern der Ansätze

$$\frac{\partial\pi}{\partial\varphi_{ik}} = 0 \tag{6.7}$$

führt auf ein System linearer homogener Gleichungen für die φ_{ik}, das nur im Verzweigungspunkt nichttriviale Lösungen besitzt.

6.2 Axiallast

Für axial belastete Zylinderschalen gilt

$$n^{12} = n^{22} = 0 \,.$$

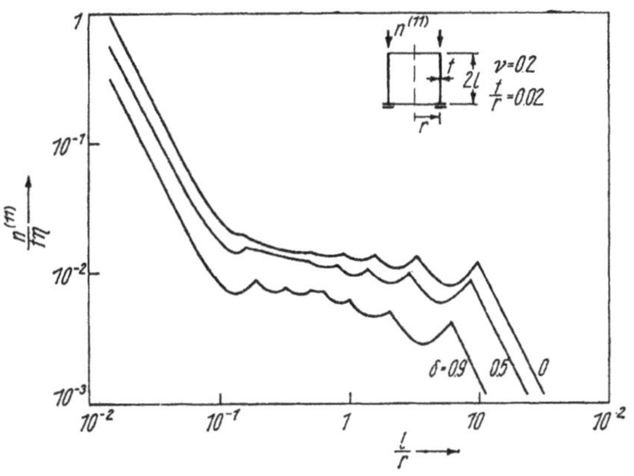

Bild 3. Verzweigungslasten unter Axiallast

Wählen wir als Ansatzfunktion für den Ritz-Ansatz nun nach FLÜGGE [14]

$$v_1 = \varphi_1 \cos(\alpha x_2) \cos(\gamma x_1), \qquad v_2 = \varphi_2 \sin(\alpha x_2) \sin(\gamma x_1), \qquad v_3 = \varphi_3 \cos(\alpha x_2) \sin(\gamma x_1)$$

mit

$$\gamma = \frac{\pi}{2L} m, \qquad \alpha, m = 1, 2, 3, \ldots n$$

so erhalten wir für eine Schale aus Beton ($\nu = .2$) mit dem Verhältnis

$$t/r = .02$$

die in Abb. 3 angegebene Verteilung der auf die Dicke der Schale bezogenen Verzweigungslast über ihrem Schlankheitsverhältnis l/r. Die typischen Girlandenkurven für elastisches ($\delta = 0$) und elastoplastisches Werkstoffverhalten ($\delta = .5, .9$) ergeben sich dadurch, daß für unterschiedliche Parameter α und m (Anzahl der Wellen bzw. Halbwellen der Beulformen in Umfangs- und Längsrichtung) jeweils nur die maßgeblichen (niedrigsten) Werte aufgetragen sind.

6.3 Außendruck

Für diesen Fall werden

$$n^{12} = n^{11} = 0,$$

und entsprechend erhalten wir unter Verwendung der im ersten Beispiel bereits angegebenen Ansatzfunktionen für ein kinematisch zulässiges Geschwindigkeitsfeld die in Abb. 4 dargestellten Girlandenkurven der Verzweigungslasten elastischen ($\delta = 0$) und elastoplastischen Werkstoffverhaltens. Dabei verdient eine Tatsache, besonders hervorgehoben zu werden. Von einem Längen-Radius-Verhältnis $l/r =$ ca. 90 ab werden unter der gegebenen Belastung Verzweigungslasten maßgeblich, die aus einem rotationssymmetrischen Geschwindigkeitsfeld ($\alpha = 0$) resultieren. In diesem Fall lassen sich die Gleichungen für die Geschwindigkeiten (6.7) entkoppeln in eine Gleichung für die Geschwindigkeit in Umfangsrichtung sowie in 2 Gleichungen für v_1 und v_3. Aus der Gleichung für die Umfangsgeschwindigkeit läßt sich dann — unabhängig vom Verfestigungsgrad δ — eine Aussage über eine Verzweigungslast[3])

$$\frac{n^{(22)}}{t\eta} = \frac{1 + \frac{1}{4}\left(\frac{t}{r}\right)^2}{1 - \frac{8}{m^2\pi^2}\left(\frac{l}{r}\right)^2}$$

gewinnen, die für $m = 1$ auf die angegebenen maßgeblichen Werte führt.

6.4 Schubbeanspruchung

Entsprechend den vorigen Beispielen erhalten wir bei

$$n^{11} = n^{22} = 0$$

mit Hilfe der Ansatzfunktionen [14]

$$v_1 = \varphi_1 \sin(\alpha x_2 + \gamma x_1), \qquad v_2 = \varphi_2 \sin(\alpha x_2 + \gamma x_1), \qquad v_3 = \varphi_3 \cos(\alpha x_2 + \gamma x_1)$$

die in Abb. 5 angegebenen Girlandenkurven der Verzweigungslasten für elastisches bzw. elastoplastisches Materialverhalten.

---

[3]) Auf ähnlichem Wege ließen sich übrigens auch bei der radial belasteten Kreisplatte [16] dort als „Scher-Verzweigungslasten" bezeichnete Verzweigungslasten nachweisen.

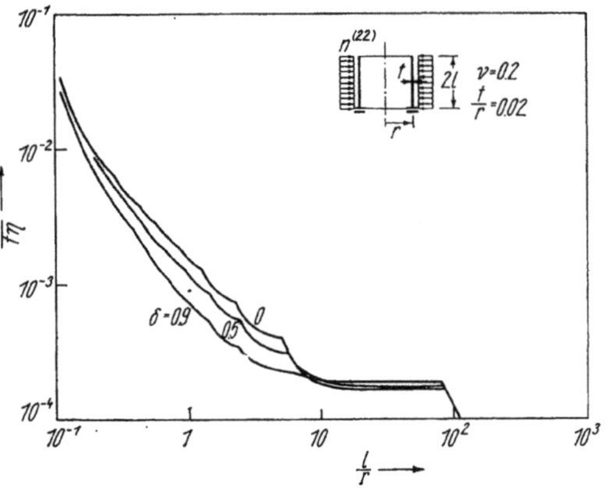

Bild 4. Verzweigungslasten unter Außendruck

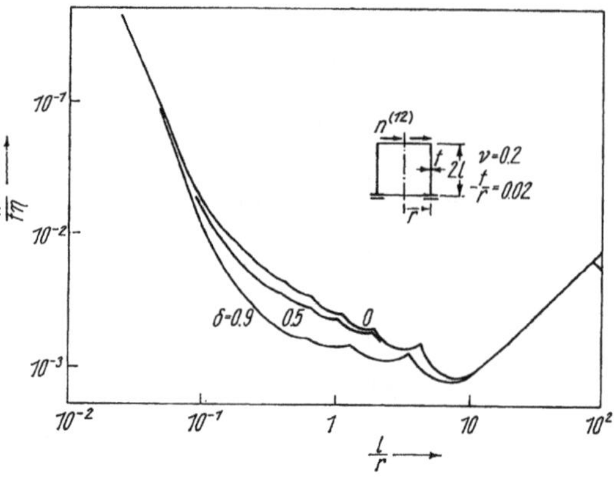

Bild 5. Verzweigungslasten unter Schubbeanspruchung

7. Schlußbemerkungen

In der vorliegenden Arbeit werden aufbauend auf einem verallgemeinerten inkrementellen Variationsprinzip Aussagen über die Verzweigungslasten elastoplastischer Schalen getroffen. Dabei muß davon ausgegangen werden, daß die Deformationen, wie auch der Spannungszustand des Körpers im Grundzustand, als bekannt vorauszusetzen sind. Um eine Vergleichsmöglichkeit zu bieten, werden als Beispiel die Verzweigungslasten der Kreiszylinderschale bestimmt.

Lassen sich Deformationen und Spannungen des Grundzustandes nicht mehr so einfach bestimmen, ist man jedoch stets in der Lage, auf der Basis des vorgestellten Variationsprinzipes Näherungsverfahren wie z. B. ein Verfahren endlicher Elemente zu entwickeln, die geeignet sind, zunächst einmal diese unbekannten Größen zu bestimmen. Grundsätzlich bereiten solche Rechnungen keine neuen Schwierigkeiten.

Literatur

1 Bijlaard, P. P., Theory and tests on the plastic stability of plates and shells, J. aeronaut. Sci. **16**, 529/41 (1949).
2 Gerard, G., Plastic stability theory of thin shells, J. aeronaut. Sci. **24**, 269/74 (1957).
3 Batterman, S. D., Plastic buckling of axially compressed cylindrical shells, AIAA J. **3**, 316/25 (1965).
4 Hill, R., A general theory of uniqueness and stability in elastic-plastic solids, J. Mech. Phys. Solids **6** 236/49 (1958).
5 Hill, R., Uniqueness criteria and extremum principles in self-adjoint problems of continuum mechanics, J. Mech. Phys. Solids **10**, 185/94 (1962).
6 Neale, K. W., A general variational theorem for the rate problem in elasto-plasticity, Int. J. Solids Struct. **8**, 865/76 (1972).
7 Dubey, R. N., Instabilities in thin elastic-plastic tubes, Int. J. Solids Struct. **5**, 699/711 (1969).
8 Neale, K. W., A method for the estimation of plastic buckling loads, Int. J. Solids Struct. **10**, 217/30 (1974).
9 Chakrabarty, J., Plastic buckling of cylindrical shells subjected to external fluid pressure, ZAMP **24**, 270/80 (1973).
10 Green, A. E. and Zerna, W., Theoretical elasticity, Clarendon Press, 2nd. ed. Oxford 1968.
11 Zerna, W., Herleitung der ersten Approximation der Theorie elastischer Schalen, Abh. Braunschw. Wiss. Ges. **19**, 52/71 (1967).
12 Naghdi, P. M., Foundations of elastic shell theory in Progress in solid mechanics, vol. IV (ed. by I. N. Sneddon and R. Hill), North-Holland Pub., Amsterdam 1963.
13 Klingbeil, E., Tensorrechnung für Ingenieure, BI-Hochschultaschenbücher, Mannheim 1966.
14 Flügge, W., Stresses in shells 4th pr., Springer-Verl., New York 1967.
15 Bruhns, O., Einige Bemerkungen zur Bestimmung von Verzweigungslasten elastoplastisch deformierter Kontinua, Techn.-wiss. Mitt. Nr. 74—9, IKIB, Ruhr-Universität Bochum, 1974.
16 Bruhns, O. und Thermann, K., Verzweigungslasten elastoplastischer Kreisplatten, Acta Mechanica **20**, 247/62 (1974).
17 Wunderlich, W., Ein verallgemeinertes Variationsverfahren zur vollen oder teilweisen Diskretisierung mehrdimensionaler Elastizitätsprobleme, Ing.-Archiv **39**, 230/47 (1970).
18 Murphy, L. M. and L. H. N. Lee, Inelastic buckling process of axially compressed cylindrical shells subject to edge constraints, Int. J. Solids Struct. **7**, 1153/70 (1971).

Eingereicht am 30. 1. 1975, revidierte Fassung am 20. 5. 1975

Anschrift: Dozent Dr.-Ing. Otto Bruhns, Ruhr-Universität Bochum, Institut für Mechanik, D 4630 Bochum, Universitätsstraße 150, BRD

ZAMM 57, 175–180 (1977)

P. RUGE

Biegestab mit exzentrischer Drehmasse

Die Suche nach periodischen Bewegungen eines geraden elastischen Stabes mit exzentrisch aufgesetzter Drehmasse erfordert die Berücksichtigung nichtlinearer Trägheitsterme infolge der Stablängsverschiebung und der Ausmittigkeit. Periodische Quererregungen, deren Frequenz sich nur wenig von dem doppelten Eigenwert linearer Dreh-Biegeschwingungen unterscheidet, führen zur Resonanz.

Periodic vibrations of a mass eccentrically fixed to a straight elastic rod are determined. Nonlinear terms of inertia caused by eccentricity and displacements in direction of the rod are taken into account. Excitations vertical to the rod with a frequency $\Omega \sim 2\nu$ lead to resonance (ν stands for the frequency of free linear rotations).

Нахождение периодических движений некоторого прямого упругого стержня с эксцентрически приложенной массой вращения требует учёта нелинейных инерционных выражений вследствие перемещения стержня вдоль длины и вследствие эксцентричности. Периодические поперечные возбуждения, частота которых лишь незначительно отличается от двойного собственного значения задачи линейных колебаний вращения — изгиба, приводят к резонансу.

Grundsätzliche Bemerkungen

Schwingungssysteme aus elastischen Stäben der Biegesteifigkeit EJ und einer Einzeldrehmasse Θ sind näherungsweise als Ein-Massen-Schwinger zu behandeln, wenn die Balkenmasse gegenüber der Einzelmasse unerheblich ist. Hält man den gemeinsamen Punkt G von Balken und Drehmasse in Stabquerrichtung unverschieblich, hat das System zwei Freiheitsgrade: den Drehwinkel φ und die Stabendverschiebung u in G.

Die kinematische Beziehung (1), abzulesen aus dem Bild 1,

$$ds^2 = (dx + du)^2 + dw^2 \tag{1}$$

koppelt zunächst die Verschiebungen u und w eines beliebigen Punktes der Balkenmittellinie, wobei für kleine Änderungen $(ds - dx)$ der Sehnenlänge dx die übliche Vereinfachung (2) gilt:

$$ds = dx\left(1 + u' + \frac{1}{2} w'^2\right), \qquad (\,)' = \frac{d}{dx}(\,)\,. \tag{2}$$

Die Dehnung ε_0 der Mittellinie, eingesetzt in das HOOKEsche Gesetz mit positiver Horizontalkraft H für Druck,

$$\varepsilon_0 = \frac{ds - dx}{dx} = u' + \frac{1}{2} w'^2 = -\frac{H}{EF}, \tag{3}$$

weist die Längsverschiebung u_G (4) als Summe der Anteile u_D infolge reiner Dehnung und u_B infolge reiner Biegung aus:

$$u_G = u_D + u_B = -\int_0^l \left(\frac{H}{EF} + \frac{1}{2} w'^2\right) dx\,. \tag{4}$$

Im folgenden wird die Mittellinie als dehnstarr angenommen, was im Hinblick auf Parameterresonanzen bei Schwingungssystemen nach Bild 2 solange gerechtfertigt ist, wie die Frequenz ν_D der Dehnschwingungen deutlich über dem doppelten Wert $2\nu_B$ reiner Biege-Drehschwingungen liegt. Mit der Dehnersatzfeder $c = EF/l$ und der Drehersatzfeder $C = \beta EJ/l$ (gelenkig-gelenkig $\beta = 3$, eingespannt-gelenkig $\beta = 4$) führt dies auf die Ungleichung (5),

$$\frac{\nu_D}{\nu_B} = \lambda \frac{i}{l} \frac{1}{\sqrt{\beta}} > 2\,, \qquad \Theta_G = m i^2\,, \qquad \lambda^2 = \frac{Fl^2}{I}, \tag{5}$$

wenn man wie üblich den Schlankheitsgrad λ des Stabes und den Trägheitsradius i der Drehmasse einführt.

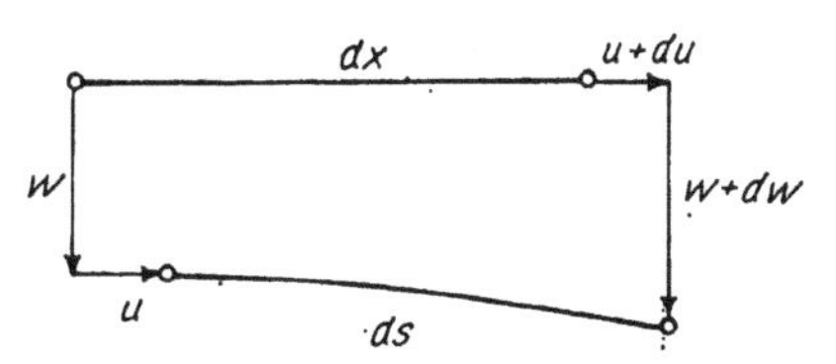

Bild 1. Verschiebungen eines Stabelementes

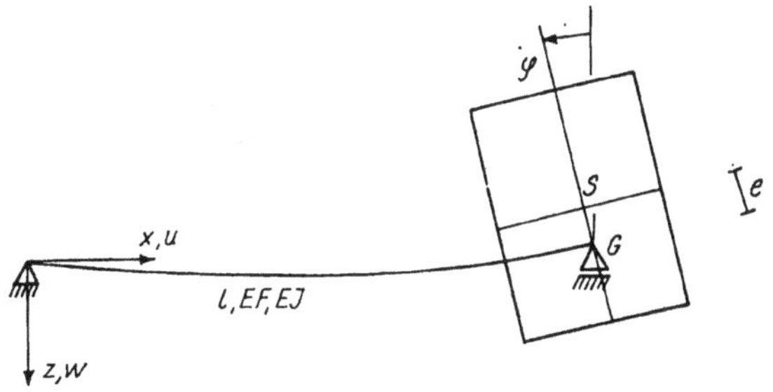

Bild 2. Biegestab mit exzentrischer Drehmasse

Mit der Vereinfachung $1/EF$ gleich Null in (4) folgt die Verschiebung u_G zwangsläufig aus der Biegelinie $w(x)$ und erweist sich nach Auswertung des Integrals (4) als quadratische Funktion des Drehwinkels φ in G, der somit als einziger Freiheitsgrad verbleibt,

$$u_G = -\alpha l \varphi^2 . \tag{6}$$

Der Faktor α beschreibt den Einfluß der Lagerungsart und sei für zwei Fälle angegeben:

$$\begin{aligned} &\text{Gelenkig-gelenkig} && \alpha = \frac{1}{10}, \\ &\text{eingespannt-gelenkig} && \alpha = \frac{1}{15}. \end{aligned} \tag{7}$$

Der elastische Stab wird durch ein Randmoment M und eine Horizontalkraft H in G verformt, so wie es die Differentialgleichung der Zug/Druckbiegung

$$(EJw'')'' + (Hw')' = 0, \qquad H > 0 \quad \text{DRUCK}, \tag{8}$$

beschreibt. Die Lösung, zweckmäßig über ein normiertes Fundamentalsystem wie zum Beispiel in [1] zu finden, führt zunächst auf getrennte Beziehungen für Zug- und Druckbiegung:

Gelenkig-gelenkig:

Druck

$$M = -\frac{EJ}{l}\varphi\frac{\xi^2 \sin\xi}{\sin\xi - \xi\cos\xi}, \qquad \xi^2 = \frac{Hl^2}{EJ},$$

Zug (9)

$$M = -\frac{EJ}{l}\varphi\frac{\xi^2 \sinh\xi}{-\sinh\xi + \xi\cosh\xi};$$

Eingespannt-gelenkig:

Druck

$$M = -\frac{EJ}{l}\varphi\frac{\xi^2\cos\xi - \xi\sin\xi}{\xi\sin\xi - 2(1-\cos\xi)},$$

Zug (10)

$$M = -\frac{EJ}{l}\varphi\frac{\xi^2\cosh\xi - \xi\sinh\xi}{\xi\sinh\xi + 2(1-\cosh\xi)}.$$

Diese gehen ineinander über und werden zudem numerisch stabiler, wenn man die Reihenentwicklung der e-Funktion einsetzt:

Gelenkig-gelenkig

$$M = -\frac{EJ}{l}\varphi\frac{1 - \frac{\xi^2}{3!} + \frac{\xi^4}{5!} - \frac{\xi^6}{7!} + \cdots}{\frac{2}{3!} - \frac{4}{5!}\xi^2 + \frac{6}{7!}\xi^4 - \frac{8}{9!}\xi^6 + \cdots}, \tag{11}$$

eingespannt-gelenkig

$$M = -\frac{EJ}{l}\varphi\frac{\frac{2}{3!} - \frac{4}{5!}\xi^2 + \frac{6}{7!}\xi^4 - \frac{8}{9!}\xi^6 + \cdots}{\frac{2}{4!} - \frac{4}{6!}\xi^2 + \frac{6}{8!}\xi^4 - \frac{8}{10!}\xi^6 + \cdots}. \tag{12}$$

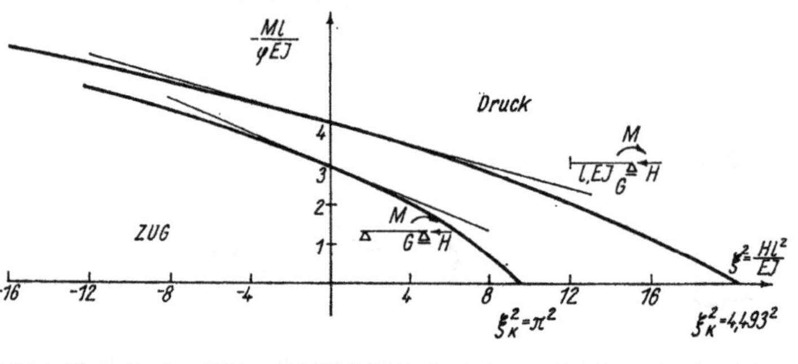

Bild 3. Dimensionslose Drehersatzfeder $Ml/\varphi EJ$ des Stabes in G als Funktion der Horizontalkraft H

Für $\xi = 0$ erhält man direkt die Drehfederzahlen für reine Biegung, für Werte ungleich Null zeigt das Bild 3 einen nahezu linearen Verlauf im Bereich statisch vernünftiger Längskräfte, so daß Linearisierungen im Nullpunkt gerechtfertigt sind:

Gelenkig-gelenkig

$$M = -\frac{EJ}{l}\varphi\left(3 - \frac{1}{5}\xi^2\right) + \frac{Pl}{16}, \tag{13}$$

eingespannt-gelenkig

$$M = -\frac{EJ}{l}\varphi\left(4 - \frac{2}{15}\xi^2\right) + \frac{Pl}{32}, \tag{14}$$

oder allgemein

$$M = -\varphi(C_0 - \gamma Hl) + \bar{P}, \qquad \gamma_{gg} = \frac{1}{5}, \qquad \gamma_{eg} = \frac{2}{15}, \tag{15}$$

mit der Drehersatzfeder C_0 für reine Biegung, einer Querkraft $\bar{P}$ in Balkenmitte und einem Faktor γ, der den Einfluß der Lagerungsart angibt.

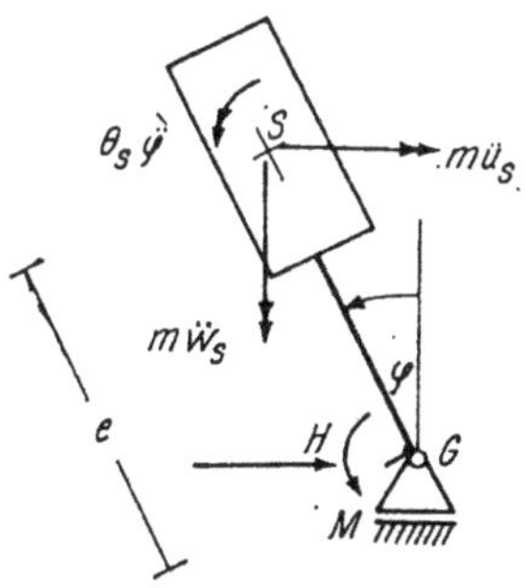

Bild 4. Randdrehmasse mit Massenbeschleunigungen und Stabschnittgrößen in G

Bewegungsgleichung

Mit den Schnittgrößen M und H des Stabes und den Massenbeschleunigungen, im Bild 4 durch Doppelpfeile gekennzeichnet, sind der Schwerpunktsatz in x-Richtung

$$m\ddot{u}_S \doteq H, \qquad \frac{d}{dt}(\ ) = (\ )^{\cdot} \tag{16}$$

und der Momentensatz bezüglich G anzuschreiben, wobei das Eigengewicht außer Betracht bleibt,

$$\Theta_S\ddot{\varphi} + m\ddot{w}_S e \sin\varphi - m\ddot{u}_S e \cos\varphi = M. \tag{17}$$

Die zweiten Ableitungen der Schwerpunktverschiebungen u und w mit dem Anteil (6) aus der Stabbiegung

$$\begin{aligned} &w_S = e(1 - \cos\varphi), \qquad u_S = -e\sin\varphi - \alpha l\varphi^2, \qquad \ddot{w}_S = e(\ddot{\varphi}\sin\varphi + \dot{\varphi}^2\cos\varphi), \\ &\ddot{u}_S = -e(\ddot{\varphi}\cos\varphi - \dot{\varphi}^2\sin\varphi) - 2\alpha l(\dot{\varphi}^2 + \varphi\ddot{\varphi}) \end{aligned} \tag{18}$$

und das Biegemoment M aus (15) mit der Horizontalkraft H nach (16) werden in den Momentensatz (17) eingesetzt und führen auf die nichtlineare Bewegungsgleichung

$$\Theta_G\ddot{\varphi} + C_0\varphi = -2mel\alpha\cos\varphi(\dot{\varphi}^2 + \varphi\ddot{\varphi}) + \bar{P} - \gamma ml\varphi\,[e(\ddot{\varphi}\cos\varphi - \dot{\varphi}^2\sin\varphi) + 2\alpha l(\dot{\varphi}^2 + \varphi\ddot{\varphi})]. \tag{19}$$

Der nichtlineare Anteil wird soweit vereinfacht, daß nur kubische Glieder in der gesuchten Lösungsfunktion $\varphi(t)$ stehen bleiben,

$$\begin{aligned} &NL[\varphi] \equiv \Theta_G\ddot{\varphi} + C_0\varphi + mel\,[2\alpha(\dot{\varphi}^2 + \varphi\ddot{\varphi}) + \gamma\varphi\ddot{\varphi}] + 2\alpha\gamma ml^2\varphi(\dot{\varphi}^2 + \varphi\ddot{\varphi}) - \bar{P} = 0, \\ &\Theta_G = \Theta_S + me^2, \end{aligned} \tag{20}$$

ein Eingriff, der für kleine Winkel ($\varphi \sim \sin\varphi$) erlaubt ist und bei der Ableitung der Differentialgleichung der Biegelinie (8) ohnehin vorausgesetzt wird.

Für die weitere Rechnung, die sich auf den beidseitig gelenkig gelagerten Stab beschränkt,

$$\text{gelenkig-gelenkig} \qquad 2\alpha = \gamma = \frac{1}{5}, \tag{21}$$

empfiehlt sich die Einführung des Massenverhältnisses μ und einer dimensionslosen Zeit τ,

$$\mu = \frac{ml^2}{\Theta_G}\gamma\,, \qquad \tau = \omega t\,, \qquad \frac{\mathrm{d}}{\mathrm{d}t}(\,) = \omega\frac{\mathrm{d}}{\mathrm{d}\tau}(\,) = \omega(\,)'\,, \qquad \nu^2 = \frac{C_0}{\Theta_G}\,, \tag{22}$$

mit ω als Grundfrequenz der nichtlinearen Schwingung, so daß die Bewegungsgleichung (20) die Form (23) annimmt:

$$f^2\varphi'' + \varphi + \mu\frac{e}{l}f^2(\varphi'^2 + 2\varphi\varphi'') + \mu\gamma f^2\varphi(\varphi'^2 + \varphi\varphi'') = P^*\,, \qquad f = \frac{\omega}{\nu}\,. \tag{23}$$

Der Belastungssterm mit der Amplitude P_0^*,

$$P_0^* = \frac{Pl}{16C_0} = \frac{Pl^2}{48EI} = \frac{w_{\text{MITTE}}}{l}\,, \tag{24}$$

entspricht der statischen Durchsenkung der Balkenmitte und wird von daher in seiner Größenordnung festgelegt.

Eigenschwingungen

Als Lösungsalgorithmus wird die Methode von Galerkin mit einem dreiparametrigen Lösungsansatz verwandt,

$$\varphi(t) = a_i f_i(t)\,, \qquad f_i = \cos i\tau\,, \qquad i = 0, 1, 2\,, \tag{25}$$

der die Anfangsbedingungen

$$\varphi(t=0) = A = a_i\,, \qquad \varphi'(t=0) = 0 \tag{26}$$

und die Lösung des linearen Problems enthält:

$$q_0^T = [a_0\ a_2\ f^2]_0 = [0\ 0\ 1]\,. \tag{27}$$

Die Integration der gewichteten Fehler

$$\int_0^{2\pi} NL\,[\varphi]\,f_i\,\mathrm{d}\tau = 0 \tag{28}$$

mit den Gewichtsfunktionen f_0 bzw. f_1 bzw. f_2 ergibt drei nichtlineare Bestimmungsgleichungen für den Lösungsvektor q:

$$2a_0 - \mu\frac{e}{l}f^2(a_1^2 + a_2^2 4) - \mu\gamma f^2\left[a_1^2\left(a_0 + \frac{3}{2}a_2\right) + 4a_0a_2^2\right] = 0\,, \tag{29}$$

$$a_1\left[1 - f^2 - \mu\frac{e}{l}f^2(2a_0 + 3a_2) - \mu\gamma f^2\left(a_0^2 + \frac{5}{2}a_2^2 + \frac{1}{2}a_1^2 + 3a_0a_2\right)\right] = 0\,, \tag{30}$$

$$a_2(4f^2 - 1) + \mu\frac{e}{l}f^2\left(\frac{3}{2}a_1^2 + 8a_0a_2\right) + \mu\gamma f^2\left[a_2\left(4a_0^2 + \frac{5}{2}a_1^2 + 2a_2^2\right) + \frac{3}{2}a_0a_1^2\right] = 0\,. \tag{31}$$

Das verallgemeinerte Newton-Verfahren mit dem Startvektor q_0 (27) der linearen Theorie liefert als erste Näherung betragsgleiche Koeffizienten a_0 und a_2 und eine in der Amplitude $A = a_1$ quadratische Frequenzveränderung (Eine Störungsrechnung führt auf dasselbe Ergebnis):

$$a_0 = \frac{1}{2}\mu\frac{e}{l}a_1^2\,, \qquad a_2 = -a_0\,, \qquad \omega = \left[1 - \frac{1}{100}a_1^2\frac{ml^2}{\Theta_G}\left(1 - \frac{me^2}{\Theta_G}\right)\right]\nu\,. \tag{32}$$

Die Neigung der Skelettlinie im Amplituden-Frequenz-Diagramm zur Seite abnehmender Frequenzen für $e = 0$ wird durch die Exzentrizität vermindert.

Zwangsschwingungen

Zwangsschwingungen mit einer Frequenz Ω nahe der Eigenfrequenz ν linearer Schwingungen führen auf die bekannten überhängenden Amplitudenkurven. Für Stab-Quererregungen der doppelten Eigenfrequenz ist zu vermuten, daß die Massenbeschleunigung in Stablängsrichtung infolge der Exzentrizität, in der Bewegungsgleichung repräsentiert durch den Term $(\varphi'^2 + 2\varphi\varphi'')$, das System zu Resonanzschwingungen anregt. Für eine äußere Kraft P^* in Balkenmitte,

$$P^* = P_0^*\cos 2\tau\,, \tag{33}$$

mit der linearen Partikularlösung

$$\varphi_P = -\frac{P_0^*}{3}\cos 2\tau = -p\cos 2\tau \tag{34}$$

werden Resonanzlösungen der Form (35) gesucht,

$$\varphi = A \cos \tau + B \sin \tau - p \cos 2\tau . \tag{35}$$

Das Verschwinden der Fehlerintegrale (28) führt auf zwei Bestimmungsgleichungen für die Parameter A und B,

$$\begin{aligned} B\left[1 - f^2 - f^2 \frac{e}{l} \mu\, 3p - \mu\gamma f^2 \frac{1}{2} (5p^2 + A^2 + B^2)\right] &= 0 , \\ A\left[1 - f^2 + f^2 \frac{e}{l} \mu\, 3p - \mu\gamma f^2 \frac{1}{2} (5p^2 + A^2 + B^2)\right] &= 0 , \end{aligned} \tag{36}$$

die für kleine Abweichungen δ von der Eigenfrequenz ν und den hier untersuchten Fall einer überwiegenden Grundschwingung

$$f = 1 + \delta , \qquad f^2 = 1 + 2\delta , \qquad A, B \gg p \tag{37}$$

durch zwei Lösungspaare erfüllt werden:

$$A = 0 , \qquad \frac{1}{2} \mu\gamma B^2 = -\frac{e}{l} \mu 3p - 2\delta , \tag{38}$$

$$B = 0 , \qquad \frac{1}{2} \mu\gamma A^2 = \frac{e}{l} \mu 3p - 2\delta . \tag{39}$$

Deren Auftragung im Bild 5 zeigt das typische Auftreten eines Resonanzbereiches, wobei die Stabilität der Abzweigungen noch zu untersuchen ist.

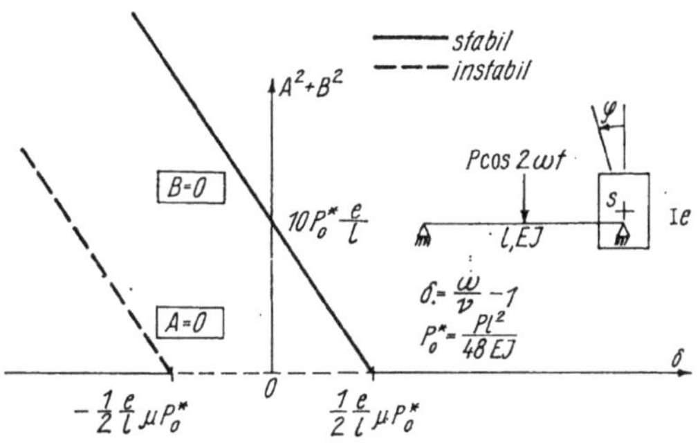

Bild 5
Resonanzschwingungen $\varphi = A \cos \omega t + B \sin \omega t$ bei Quererregung

Stabilität

Für Frequenzen in der Nähe der Hauptresonanz werden die Faktoren A und B nach BOLOTIN [2] als langsam veränderliche Funktionen aufgefaßt,

$$f = A(\tau) \cos \tau + B(\tau) \sin \tau - p \cos 2\tau , \tag{40}$$

und deren Stabilität bei geringer Abweichung von der stationären Lösung A_0, B_0 untersucht,

$$A(\tau) = A_0 + \xi(\tau) , \qquad B(\tau) = B_0 + \eta(\tau) . \tag{41}$$

Der Ansatz (40), eingesetzt in die um ein lineares Dämpfungsglied $2\varepsilon f'$ erweiterte Bewegungsgleichung (23), führt nach der Beschränkung auf langsam veränderliche Funktionen und einem Abgleich der sin/cos-Glieder auf ein System von zwei zunächst nichtlinearen Differentialgleichungen:

$$2B'f^2 = A(f^2 - 1) - 2\varepsilon B - \Phi(A, B) , \qquad 2A'f^2 = B(1 - f^2) - 2\varepsilon A + \Psi(A, B) , \tag{42}$$

$$\begin{aligned} \Phi(A, B) &= f^2 \frac{e}{l} \mu\, (3Ap) - \gamma\mu f^2 \frac{A}{2} (A^2 + B^2 + 5p^2) , \\ \Psi(A, B) &= f^2 \frac{e}{l} \mu\, (-3Bp) - \gamma\mu f^2 \frac{B}{2} (A^2 + B^2 + 5p^2) . \end{aligned} \tag{43}$$

Für konstante Faktoren A, B erhält man die stationären Lösungen (38, 39), kleine Abweichungen davon beschreiben die Variationen (41). Beschränkt man sich in dem System (42), nun für die Störungen ξ und η, auf nur lineare Veränderungen der Terme Φ und Ψ,

$$\Phi(A, B) = \Phi(A_0, B_0) + \frac{\partial \Phi}{\partial A}(A_0, B_0)\, \xi + \frac{\partial \Phi}{\partial B}(A_0, B_0)\, \eta , \tag{44}$$

bleibt das lineare Problem (45) mit konstanten Koeffizienten zu lösen:

$$\begin{aligned} 2f^2\xi' &= \left(\frac{\partial \Psi}{\partial A} - 2\varepsilon\right)\xi + \left(\frac{\partial \Psi}{\partial B} + 1 - f^2\right)\eta = a_{11}\xi + a_{12}\eta\,, \\ 2f^2\eta' &= \left(-\frac{\partial \Phi}{\partial A} + f^2 - 1\right)\xi + \left(-\frac{\partial \Phi}{\partial B} - 2\varepsilon\right)\eta = a_{21}\xi + a_{22}\eta\,. \end{aligned} \tag{45}$$

Die Störungen ξ und η

$$\begin{bmatrix}\xi\\ \eta\end{bmatrix} = \begin{bmatrix}\xi_0\\ \eta_0\end{bmatrix} e^{\frac{\lambda}{2f^2}\tau}\,, \qquad \lambda = \varrho + \sigma i\,, \tag{46}$$

klingen nur dann mit der Zeit ab, wenn die Realteile ϱ der charakteristischen Zahlen λ negativ sind, was bei Erfüllung der Forderungen

$$a_{11} + a_{22} < 0\,, \qquad \det\begin{vmatrix} a_{11} & a_{12}\\ a_{21} & a_{22}\end{vmatrix} > 0 \tag{47}$$

gewährleistet ist.

Die Stabilität zunächst der linearen Näherung $A_0 = B_0 = 0$ ist für ein beliebig kleines Dämpfungsmaß ε außer im Resonanzbereich gegeben,

$$a_{11} + a_{22} = -2\varepsilon < 0\,, \qquad \det = 4\varepsilon^2 + (1 - f^2)^2 - \left(f^2 \frac{e}{l}\gamma\mu 3p\right)^2 > 0\,. \tag{48}$$

Die stationären Lösungen (38, 39) gelten für verschwindende Dämpfung, folgerichtig ist ihre Stabilitätsuntersuchung ohne ε-behaftete Glieder in (45) durchzuführen.

$$\begin{aligned} &A_0 = 0\,, \qquad B_0^2 \frac{1}{2}\mu\gamma = -\frac{e}{l}\mu 3p - 2\delta: \\ &a_{11} = a_{22} = 0\,, \qquad \det = 12\frac{e}{l}\mu p\left(3\frac{e}{l}\mu p + 2\delta\right). \end{aligned} \tag{49}$$

$$\begin{aligned} &B_0 = 0\,, \qquad A_0^2 \frac{1}{2}\mu\gamma = \frac{e}{l}\mu 3p - 2\delta: \\ &a_{11} = a_{22} = 0\,, \qquad \det = 12\frac{e}{l}\mu p\left(3\frac{e}{l}\mu p - 2\delta\right). \end{aligned} \tag{50}$$

Da die Hauptdiagonalelemente Null werden, sind die charakteristischen Zahlen λ rein imaginär, so daß die Störungen, obwohl beschränkt, nicht zurückgehen. Eine Nebenrechnung mit beliebig kleinem ε erfüllt jedoch die Forderung $a_{11} + a_{22} < 0$, so daß der Determinantenwert über die Stabilität entscheidet, wobei die Ergebnisse, eingetragen im Bild 5, qualitativ mit denen der Parameterresonanz bei pulsierender Längsbelastung übereinstimmen.

Literatur

1 FALK, S., Technische Mechanik, 3. Band, Springer-Verlag, Berlin/Heidelberg/New York 1969.
2 BOLOTIN, W. W., Kinetische Stabilität elastischer Systeme, VEB Deutscher Verlag der Wissenschaften, Berlin 1961.
3 HAYASHI, C., Nonlinear Oscillations in Physical Systems, McGraw Hill, New York/San Francisco/Toronto/London 1964.

Eingereicht am 6. 3. 1975

Anschrift: Dr. P. RUGE, Lehrstuhl für Mechanik und Festigkeitslehre der TU Braunschweig, 33 Braunschweig, Postfach 7050, BRD

ZAMM 57, 181–186 (1977)

S. R. Arora / M. C. Puri

Enumeration Technique for the Set Covering Problem with a Linear Fractional Functional as its Objective Function

In der Arbeit wird ein Abzählungsverfahren für ein Überdeckungsproblem vorgestellt, bei dem ein gebrochen-lineares Funktional als Zielfunktion gewählt wird. Das entwickelte Verfahren ist ein Abzählverfahren, bei dem die Extremalpunkte eines vom gegebenen Problem abgeleiteten Problems der gebrochen-linearen Optimierung ausgewertet werden. Ein Beispiel zur Illustration des Verfahrens wird angegeben.

This paper presents an enumerative technique for the set covering problem with the objective function as linear fractional functional. The technique developed, is an enumerative one involving evaluation of extreme points of a linear fractional functional programming problem derived from the given problem. An example to illustrate the method is included.

Статья дает метод перечисления для задачи покрытия, где рассматривается дробно-линейный функционал в качестве целевой функции. Развитый метод является методом перечисления, в котором осуществляются экстремальные точки задачи дробно-линейного программирования. Эта задача — выведенная от данной задача. Дается пример для иллюстрирования метода.

Introduction

Consider the set $I = [1, 2, \ldots, m]$ and a set $P = [P_1, P_2, \ldots, P_n]$, where $P_j \subseteq I$, $j \in J = [1, 2, \ldots, n]$. A subset J^* of J *covers* I, if $\bigcup_{j \in J^*} P_j = I$.

The *set covering problem with linear objective function is*:

$$\text{Minimize} \quad Z = \sum_{j=1}^{n} c_j x_j$$

subject to

$$\sum_{j=1}^{n} a_{ij} x_j \geqq 1 , \qquad i = 1, 2, \ldots, m ,$$

$$x_j = 0 \quad \text{or} \quad 1 , \qquad j = 1, 2, \ldots, n ,$$

where

$$x_j \begin{cases} = 1 \text{ if } j \text{ is in the cover} \\ = 0 \text{ otherwise} , \end{cases}$$

$$a_{ij} \begin{cases} = 1 \text{ if } i \in P_j \\ = 0 \text{ otherwise} \end{cases}$$

and the c_j's are arbitrary non-negative numbers.

This set covering problem has been studied by C. E. Lemke, H. M. Salkin and K. Spielberg [1], R. Roth [2], M. Bellmore and H. D. Ratliff [3] and R. S. Garfinkel and G. L. Nemhauser [4].

In the present paper the set covering problem with a *linear fractional functional* as objective function is considered. The set covering problem (CP) of this model ist:

Problem (I)

$$\text{Minimize} \quad Z = \frac{\sum_{j=1}^{n} c_j x_j}{\sum_{j=1}^{n} d_j x_j + \beta}$$

subject to

$$\sum_{j=1}^{n} a_{ij} x_j \geqq 1 , \qquad i = 1, 2, \ldots, m, \qquad (1)$$

$$x_j = 0 \quad \text{or } 1 , \qquad j = 1, 2, \ldots, n , \qquad (2)$$

where

$$x_j \begin{cases} = 1 \text{ if } j \text{ is in the cover} \\ = 0 \text{ otherwise} , \end{cases}$$

$$a_{ij} \begin{cases} = 1 \text{ if } i \in P_j \\ = 0 \text{ otherwise} , \end{cases}$$

the c_j's are non-negative numbers, the d_j's may be positive or negative and β is a scalar constant such that $\sum_{j=1}^{n} d_j x_j + \beta$ is strictly positive over the solution set of problem (I). The aim is here to find a cover of minimum ratio i.e., which minimizes the objective function.

The linear fractional functional programming problem (CP′) obtained by replacing (2) by $x_j \geqq 0$ in problem (I) is

$$\left.\begin{aligned} &\text{Minimize } Z = \frac{\sum_{j=1}^{n} c_j x_j}{\sum_{j=1}^{n} d_j x_j + \beta} \\ &\text{subject to} \\ &\sum_{j=1}^{n} a_{ij} x_j \geqq 1 , \quad i = 1, 2, \dots, m , \\ &x_j \geqq 0 , \quad j = 1, 2, \dots, n . \end{aligned}\right] \quad \text{Problem (II)}$$

It is assumed that the solution set of problem (II) is regular and $\sum_{j=1}^{n} d_j x_j + \beta$ is strictly positive over this set.

Theoretical Developments

Definitions:

(i) A solution which satisfies (1) and (2) is a *cover solution* and if it yields the minimum Z, it is an *optimal cover solution*.

(ii) A column corresponding to $j \in J^*$ is said to be *redundant*, if $J^* - \{j\}$ is also a cover and the cover J^* is termed as *redundant cover*.

(iii) A cover J^* is said to be a *prime cover*, if none of the columns corresponding to $j \in J^*$ is redundant.

Theorem I: *A column corresponding to the suffix $\hat{j} \in J^*$ is not redundant, if there exists at least one $i \in P_{\hat{j}}$, such that*

$$\sum_{j \in J^*} a_{ij} = 1 .$$

Proof: If a column corresponding to $\hat{j}$ is redundant, then $J^* - \{\hat{j}\}$ will also be a cover, i.e. $\hat{j}$ can be removed from J^*. In such a case all elements of $P_{\hat{j}}$ are members of some P_j's, $j \in J^* - \{\hat{j}\}$. If $\hat{j}$ is not redundant, then there must exist at least one member of $P_{\hat{j}}$, which is not present in any other P_j for all $j \in J^* - \{\hat{j}\}$. Therefore, there exists at least one $i \in P_{\hat{j}}$, for which

$$a_{i\hat{j}} = 1 \quad \text{and} \quad a_{ij} = 0 \quad \text{for all } j \in J^* - \{\hat{j}\} ,$$

which implies, that for such an i,

$$\sum_{j \in J^*} a_{ij} = 1 .$$

Hence $\sum_{j \in J^*} a_{ij} = 1$ for at least one $i \in P_{\hat{j}}$.

Theorem II: *Every optimal cover is a prime cover, if either*

(i) *all d_j's are negative or*

(ii) *any ratio of the partial sum of c_j's and d_j's is greater than the value of the objective function at the cover solution and the latter partial sum is positive, too.*

Proof: Consider the optimal cover J'. If possible, assume that J' is not a prime cover. The value of the objective function for J' is

$$Z' = \frac{\sum_{j \in J'} c_j}{\sum_{j \in J'} d_j + \beta} .$$

Since J' is a redundant cover, a prime cover J'' can be derived from J' by removing redundant columns corresponding to some indices of J' (or some element of J'). Clearly $J'' \subset J'$. The value of the objective function for J'' is

$$Z'' = \frac{\sum_{j \in J''} c_j}{\sum_{j \in J''} d_j + \beta} .$$

Case (i): When all d_j's are negative, Z'' will be less than Z', which is justified as follows:

$$Z'' < Z' \text{ requires that } \frac{\sum\limits_{j \in J''} c_j}{\sum\limits_{j \in J''} d_j + \beta} < \frac{\sum\limits_{j \in J'} c_j}{\sum\limits_{j \in J'} d_j + \beta}, \text{ i.e.}$$

$$\Big(\sum_{j \in J''} c_j\Big)\Big(\sum_{j \in J'} d_j + \beta\Big) < \Big(\sum_{j \in J'} c_j\Big)\Big(\sum_{j \in J''} d_j + \beta\Big), \text{ i.e.}$$

$$\Big(\sum_{j \in J'} c_j - \sum_{j \in J' - J''} c_j\Big)\Big(\sum_{j \in J'} d_j + \beta\Big) < \Big(\sum_{j \in J'} c_j\Big)\Big(\sum_{j \in J'} d_j - \sum_{j \in J' - J''} d_j + \beta\Big),$$

where $J' - J'' = \{j \mid j \in J' \text{ but } j \notin J''\}$, i.e.

$$\Big(\sum_{j \in J' - J''} c_j\Big)\Big(\sum_{j \in J'} d_j + \beta\Big) > \Big(\sum_{j \in J'} c_j\Big)\Big(\sum_{j \in J' - J''} d_j\Big),$$

what is always true, because $\Big(\sum\limits_{j \in J' - J''} d_j\Big)$ is negative and $\Big(\sum\limits_{j \in J'} d_j + \beta\Big)$ is positive and the c_j's are nonnegative.

Case (ii): When any ratio of the partial sums of the c_j's and d_j's is greater than Z' and also the latter partial sum (i.e. the partial sum of the d_j's) is positive, then, as in case (i), $Z'' < Z'$ requires that

$$\Big(\sum_{j \in J' - J''} c_j\Big)\Big(\sum_{j \in J'} d_j + \beta\Big) > \Big(\sum_{j \in J'} c_j\Big)\Big(\sum_{j \in J' - J''} d_j\Big).$$

Dividing it by the positive number

$$\Big(\sum_{j \in J'} d_j + \beta\Big)\Big(\sum_{j \in J' - J''} d_j\Big),$$

one gets

$$\frac{\sum\limits_{j \in J' - J''} c_j}{\sum\limits_{j \in J' - J''} d_j} > \frac{\sum\limits_{j \in J'} c_j}{\sum\limits_{j \in J'} d_j + \beta} = Z',$$

what is true because of the assumption of this case. Therefore, Z'' is always less than Z' under either of the conditions mentioned in cases (i) and (ii). Hence, J'' is a cover, which is better than J', contradicting the fact that J' is an optimal cover. This shows, that the assumption, that J' is a redundant cover, is wrong. Therefore, J' must be a prime cover under the conditions mentioned in the above two cases.

Theorem III: *If $J' = \{j \mid x_j = 1\}$ is any prime cover solution, then $X = \{x_j\}$ is an extreme point solution of problem* (II).

Proof: Since J' is a prime cover, none of the columns corresponding to $j \in J'$ is redundant. If $J' = \{j^1, j^2, j^3, \dots, j^k\}$, then by Theorem I, there exists at least one $i_1 \in P_{j^1}$, such that

$$a_{i_1 j^1} = 1 \quad \text{and} \quad a_{i_1 j} = 0 \quad \text{for all} \quad j \in J' - \{j^1\}.$$

Therefore, the i_1^{th} row in the matrix formed by columns corresponding to $j \in J'$ is of the form of a unit vector having a unity at the $j^{1\text{th}}$ place.

Similarly, for $i_2 \in P_{j2}$, there exists an i_2^{th} row, which is also of the form of a unit vector having a unity at the $j^{2\text{th}}$ place. Thus, the matrix formed by k columns specified by J' will be of the form

rows	columns j^1	j^2	$j^3 \cdots$	j^k
I^{st} row	—	—	— $\cdots$	—
⋮	⋮	⋮	⋮	⋮
i_1^{th} row	1	0	0 $\cdots$	0
⋮	⋮	⋮	⋮	⋮
i_2^{th} row	0	1	0 $\cdots$	0
⋮	⋮	⋮	⋮	⋮
i_3^{th} row	0	0	1 $\cdots$	0
⋮	⋮	⋮	⋮	⋮
i_k^{th} row	0	0	0 $\cdots$	1
⋮	⋮	⋮	⋮	⋮
m^{th} row	—	—	— $\cdots$	—

$m \times k$ matrix

Clearly, this matrix contains k distinct unit vectors and hence, there are k linearly independent columns. Hence, columns specified by $j \in J'$ will form a basic feasible solution being degenerate or not i.e. $X = \{x_j\}$, $j \in J'$, will be an extreme point of problem (II).

Conclusion: In theorem II, we have seen that the optimal cover is a prime cover and in theorem III, it is established that the corresponding prime cover solution is an extreme point solution of problem (II).

Based upon this, our algorithm investigates the extreme points of problem (II) in a systematic order by the method of branch and bound, till an optimal prime cover solution is reached.

Algorithm

Step I: Find an optimal solution of the linear fractional functional programming problem II (CP'), derived from the given problem (CP) [9, 10, 11].

The value of the objective function yielded by any prime cover solution will obviously be greater than or equal to the value yielded at this optimal solution i.e., it will be the lower bound for the given problem. If the optimal solution obtained here is a zero-one solution, then terminate. The solution so obtained will be an optimal prime cover solution. If not, form a redundant cover J' by rounding up the variables and go to step II.

Step II: Derivation of a prime cover from the redundant cover J' obtained in step I.

Let $I_0 = I = [1, 2, \dots, m]$. Calculate

$$f_0(j) = \frac{c_j/(d_j + \beta)}{\sum\limits_{i \in I_0} a_{ij}}, \quad j \in J',$$

and choose the minimum $f_0(j)$, say $f_0(j^1)$, i.e., $f_0(j^1) = \underset{j \in J'}{\text{minimum}}\, f_0(j)$.

Let $I_1 = [i \mid i \notin P_{j^1} \text{ and } i \in I_0]$ = set of constraints which are not satisfied by $x_{j^1} = 1$. If I_1 is void, terminate, then $\{j^1\}$ is a prime cover. If not, calculate

$$f_1(j) = \frac{(c_j + c_{j^1})/(d_j + d_{j^1} + \beta)}{\sum\limits_{i \in I_1} a_{ij}}, \qquad j \in J' - \{j^1\},$$

and choose $f_1(j^2) = \underset{j \in J' - \{j^1\}}{\text{minimum}}\, f_1(j)$.

Again, let $I_2 = [i \mid i \notin P_{j^2} \text{ and } i \in I_1]$. If I_2 is void, terminate, if not, calculate

$$f_2(j) = \frac{(c_j + c_{j^1} + c_{j^2})/(d_j + d_{j^1} + d_{j^2} + \beta)}{\sum\limits_{i \in I_2} a_{ij}}, \qquad j \in J' - \{j^1, j^2\}.$$

Similarly choose $f_2(j^3) = \underset{j \in J' - \{j^1, j^2\}}{\text{Minimum}} \{f_2(j)\}$ and form I_3. If $I_3 = \emptyset$, terminate, and if not, repeat the process by obtaining $I_4, I_5, \dots$, till $I_k = \emptyset$.

The prime cover would be

$$J^* = [j^1, j^2, \dots, j^k].$$

Note that the variables $x_{j1}, x_{j2}, \dots, x_{jk}$ which are selected to yield a prime cover are such, that they give minimum rise in the objective function per constraint satisfied.

The corresponding prime cover solution X_1 is

$$x_j \begin{cases} = 1, & j \in J^* \\ = 0, & \text{otherwise}. \end{cases}$$

Let the corresponding value of the objective function be Z_1. The value of the objective function corresponding to any optimal prime cover solution will be less than or equal to Z_1, i.e. Z_1 will be the upper bound for the value of the objective function at prime cover solutions.

Step III: To see, whether J^* is an optimal prime cover or not, back tracking is done by the method given in [1, 4]. We back track from $W_1 = [j^1, j^2, \dots, j^k]$ to $W_2 = [j^1, j^2, \dots, j^{k-1}, \underline{j^k}]$ branching the $j^{k\text{th}}$ element, i.e. put $x_{jl} = 1$, $l = 1, 2, \dots, k-1$, and $x_jk = 0$ in the given problem and form the new set covering problem (CP).

From this derive the corresponding linear fractional set covering problem (CP'). Solve the CP' so obtained. It has the following mutually exclusive and exhaustive possibilities:

(i) The CP' has an optimal non integer solution given by (Z^*, X^*). If $Z^* \geq Z_1$, back track further to

$$W_3 = [j^1, j^2, \dots, j^{k-2}, \underline{j^{k-1}}].$$

Back tracking is done, because no prime cover solution has to cross the upper bound Z_1.

If $Z^* < Z_1$, then the vertex under consideration is not fathomed, because there may be a prime cover with the value of objective function less than Z_1. In this case derive a redundant cover solution by rounding up the variables and go to step II.

(ii) If the optimal solution of the new CP' is an integer solution given by (Z^*, X^*), then replace Z_1 by the minimum of (Z_1, Z^*) to have a better upper bound and back track further to W_3, till the enumeration is complete i.e., till there are no live vertices and the minimum of these will give the optimal prime cover.

(iii) If CP' has no feasible solution, back tracking is done further.

Convergence: As the procedure involves the movement from one vertex (extreme point) to another vertex (extreme point) of problem (II), it is bound to converge in a finite number of steps, because the number of extreme point solutions is always finite. Also none of the extreme point solutions is repeated as the objective function is improved at each stage.

Example

Find an optimal prime cover solution for the following set covering problem (CP) with the objective function as linear fractional functional:

$$\text{Minimize } Z = \frac{6x_1 + 8x_2 + 4x_3 + 3x_4 + 5x_5}{-x_1 - 2x_2 - 3x_3 - 4x_4 - x_5 + 12}$$

$$\begin{aligned} \text{subject to} \quad & x_1 + x_2 + x_4 \geqq 1 , \\ & x_1 + x_3 + x_5 \geqq 1 , \\ & x_2 + x_5 \geqq 1 , \\ & x_1 + x_2 + x_3 \geqq 1 , \\ & x_1, x_2, x_3, x_4, x_5 = 0, 1 \end{aligned}$$

Solution: Here $I = \{1, 2, 3, 4\}$. $J = \{1, 2, 3, 4, 5\}$,

$$P_1 = \{1, 2, 4\}, \ P_2 = \{1, 3, 4\}, \ P_3 = \{2, 4\}, \ P_4 = \{1\}, \ P_5 = \{2, 3\} .$$

As all d_j's are negative, and the denominator is strictly positive over the solution set, case (i) is applicable. The corresponding linear fractional functional programming problem CP' is

$$\text{Minimize } Z = \frac{6x_1 + 8x_2 + 4x_3 + 3x_4 + 5x_5}{-x_1 - 2x_2 - 3x_3 - 4x_4 - x_5 + 12}$$

$$\begin{aligned} \text{subject to} \quad & x_1 + x_2 + x_4 \geqq 1 , \\ & x_1 + x_3 + x_5 \geqq 1 , \\ & x_2 + x_5 \geqq 1 , \\ & x_1 + x_2 + x_3 \geqq 1 , \\ & x_j \geqq 0 , \quad j = 1, 2, 3, 4, 5 . \end{aligned}$$

Step I: Solve this problem {9, 10, 11}. The optimal solution is $X = \{\frac{1}{2}, \frac{1}{2}, 0, 0, \frac{1}{2}\}$ yielding the value 19/20. Therefore, the lower bound is 19/20.

As X is not a prime cover solution, the cover solution derived from X is (1, 1, 0, 0, 1) and the corresponding redundant cover $J' = [1, 2, 5]$.

Step II:

$$I_0 = I = \{1, 2, 3, 4\}, \qquad f_0(1) = \frac{6/11}{3} = 2/11, \qquad f_0(2) = \frac{8/10}{3} = 4/15, \qquad f_0(5) = \frac{5/11}{2} = 5/22 ,$$

$$f_0(1) = \underset{j \in J'}{\text{minimum}}\, f_0(j) = 2/11, \text{ therefore } j^1 = 1 .$$

Now $I_1 = \{i \mid i \notin P_1 \text{ and } i \in I_0\} = \{3\}$. Therefore, $I_1 \neq \emptyset$.

$$J' - \{j^1\} = \{2, 5\} ,$$

$$f_1(j) = \frac{(c_j + c_1)/(d_1 + d_j + \beta)}{\sum_{i \in I_1} a_{ij}}, \qquad j \in J' - \{j^1\} ,$$

$$f_1(2) = \frac{14/9}{1} = 14/9, \qquad f_1(5) = \frac{11/10}{1} = 11/10 ,$$

$$f_1(5) = \underset{j \in J' - \{j^1\}}{\text{minimum}}\, f_1(j), \text{ therefore, } j^2 = 5 .$$

Now $I_2 = \{i \mid i \notin P_5 \text{ and } i \in I_1\} = \emptyset$.

Therefore, the prime cover is $J^* = \{1, 5\}$ and the prime cover solution is $X_1 = \{1, 0, 0, 0, 1\}$ and the corresponding value of the objective function is $Z_1 = 11/10$. This is the upper bound. Naturally, an optimal prime cover will yield a value less than or equal to Z_1.

Step III: Branch to the partial solution $W_1 = \{1, 5\}$ and back track to $W_2 = \{1, \underline{5}\}$. This yields

$$\text{Minimize } Z_2 = \frac{8x_2 + 4x_3 + 3x_4 + 6}{-2x_2 - 3x_3 - 4x_4 + 11}$$

$$\begin{aligned} \text{subject to} \quad & x_2 \geqq 1 , \\ & x_2, x_3, x_4 \geqq 0 . \end{aligned}$$

The optimal solution is $x_2^* = 1$, $x_3^* = 0$, $x_4^* = 0$ and

$$Z_2^* = 14/9\ (> Z_1)\,.$$

Again we back track to $W_3 = (\underline{1})$ and the corresponding CP' is

$$\text{Minimize } Z_3 = \frac{8x_2 + 4x_3 + 3x_4 + 5x_5}{-2x_2 - 3x_3 - 4x_4 - x_5 + 12}$$

$$\begin{aligned} \text{subject to}\quad & x_2 + x_4 \geqq 1\,,\\ & x_3 + x_5 \geqq 1\,,\\ & x_2 + x_5 \geqq 1\,,\\ & x_2 + x_3 \geqq 1\,,\\ & x_2, x_3, x_4, x_5 \geqq 0\,. \end{aligned}$$

The optimal solution is $x_2^* = x_3^* = x_4^* = x_5^* = \frac{1}{2}$ with $Z_3^* = 10/7$. Since $Z_3^* > Z_1$, therefore, bach track, but further back tracking is not possible because enumeration is complete. Therefore, the procedure terminates and its optimal cover solution is $\underline{x_1} = (1, 0, 0, 0, 1)$ with $Z_1 = 11/10$ and the optimal prime cover is

$$J^* = \{1, 5\}\,.$$

The whole enumeration is shown in the figure below:

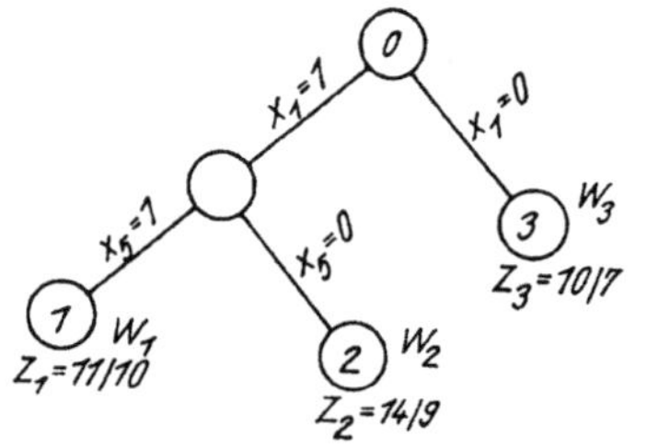

Fig. 1

Acknowledgement

We are very thankful to the referee for his valuable comments and suggestions.

References

1 Lemke, C. E.; Salkin, H. M.; Spielberg, K., Set covering by single branch enumeration with linear programming subproblems, Operations Res. 19, 998—1022 (1971).
2 Roth, R., Computer solution to minimum cover problems, Operations Res. 19, 455—465 (1971).
3 Bellmore, M.; Ratliff, H. D., Set covering and involutory basis, Management Sci. 18, 194—206 (1971).
4 Garfinkel, R. S.; Nemhauser, G. L., Integer Programming, A Wiley Interscience Publication, John Wiley 1973.
5 Geoffrion, A., An improved implicit enumeration approach for integer programming, Operations Res. 17, 437—454 (1969).
6 Lemke, C.; Spielberg, K., Direct search algorithms for zero-one and mixed integer programming, Operations Res. 15, 892—914 (1967).
7 Recent Advances in Mathematical Programming (Graves and Wolfe, eds.), Mc. Graw-Hill, New York 1963.
8 Salkin, H.; Spielberg, K., Adaptive binary programming, IBM N.Y. Scientific Center Report No. 320—2951, April 1968.
9 Charnes, A.; Cooper, W. W., Programming with linear fractional functionals, Naval Res. Logist. Quart. 9, 181—186 (1962).
10 Swarup, Kanti, Linear fractional functional programming, Operations Res. 13, 1029—1036 (1965).
11 Swarup, Kanti, Some aspects of linear fractional functional programming, Australian J. Statist. 7, No. 3, 90—104 (1965).

Eingereicht am 25. 8. 1975, revidierte Fassung am 1. 12. 1975

Anschriften: Sh. S. R. Arora, Dr. M. C. Puri, Department of Mathematics, Hans Raj College, University of Delhi, Delhi-11007, India

KLEINE MITTEILUNGEN

ZAMM 57, 187 – 188 (1977)

G. PLATO

About the Domain of Existence of Real Third-Order Subharmonics of the Duffing Equation

It has been known for a long time that such subharmonics do not always exist, e. g. [1]. For a special case KATS [2] has determined the domain of existence, but it seems that the problem has not been treated in more general terms. The available existence theorems [3] through [11] rest on assumptions which do not immediately exhibit the admissable range of the parameters involved.

For its approximate determination we will use the two-frequency trial function

$$U = a\cos(\omega t/3 - \varphi) + A\cos(\omega t - \psi) \tag{1}$$

for the equation

$$\ddot{U} + \eta\sigma\dot{U} + \sigma^2 U + \beta U^3 = B\cos\omega t\,. \tag{2}$$

The requirement that the terms with $\omega/3$ and ω agree on both sides of (2) provides four conditions for the free constants a, A, φ, ψ and upon elimination and introduction of the dimensionless quantities $x = \beta a^2/\sigma^2$, $X = \beta A^2/\sigma^2$, $y = \beta B^2/\sigma^6$, $\lambda = -1 + \omega^2/9\sigma^2$ one obtains for the reduced amplitudes x and X

$$\begin{aligned}2048y = {} & -1519x^3 + 16(1232 + 1449\lambda)\,x^2 - \\ & - 64(768 + 2112\lambda + 1375\lambda^2)\,x - \\ & - (10816/3)\,\eta^2(1+\lambda)\,x + (1024/3)\,(16 + 17\lambda)^2 + \\ & + (1024/3)\,\eta^2(1+\lambda)\,(32 + 69\lambda) + \\ & + \frac{\begin{bmatrix}[-147x^2 - 224(8 + 7\lambda)\,x + \\ + 64(16 + 15\lambda)\,(16 + 17\lambda) + 2240\,\eta^2\,(1+\lambda)]\end{bmatrix}}{[-7x^2 + (32/3)\,\lambda x - (256/9)\,\eta^2(1+\lambda)]}\,,\end{aligned} \tag{3}$$

$$\begin{aligned}32y = {} & -147X^3 + 56(8 + 11\lambda)\,X^2 + \\ & + 16(128 + 240\lambda + 109\lambda^2)\,X - (16/3)\,\eta^2(1+\lambda)\,X + \\ & + (128/27)\,\lambda^3 - (128/9)\,\eta^2(1+\lambda)\,(16 + 5\lambda) + \\ & + \frac{\begin{bmatrix}[-49X^2 - (112/3)\,(12 + 11\lambda)\,X + \\ + (256/3)\,\lambda + 80\lambda^2 + (464/9)\,\eta^2(1+\lambda)]\end{bmatrix}}{[-7X^2 + (16/3)\,\lambda X - (64/9)\,\eta^2(1+\lambda)]} \\ = {} & f(X, \eta)\,.\end{aligned} \tag{4}$$

For $\eta = 0$ (4) can be written in the alternative form

$$\begin{aligned}& 64y^2 + 4y[147X^3 - 56(8 + 11\lambda)\,X^2 - \\ & - 16(128 + 240\lambda + 109\lambda^2)\,X - (128/27)\,\lambda^3] + \\ & + [49X^3 + 56(2 + \lambda)\,X^2 + 16(32 + 60\lambda + 29\lambda^2)\,X - \\ & - (32/27)\,\lambda^3]^2 = F(X, y) = 0\,.\end{aligned} \tag{5}$$

Here x, X, y, λ must be of the same sign as β, while a and A are always positive.

Within the framework of the approximation (1) *it is necessary and sufficient for the existence of real subharmonics that* (3) *or* (4) *has a real solution.* In the absence of damping (5) can be used and the limiting values of y are given by $F(X, y) = 0$ and $\partial y/\partial x = -F_X/F_y = 0$. These two conditions are satisfied when y and the last square bracket in (5) vanish. Since a cubic equation has at least one real zero, the minimal value of $|y|$ is zero or

$$\min|B| = 0 \quad \text{when } \eta = 0\,. \tag{6}$$

Actually there is only one zero of the cubic expression in (5) for $-0.938 < \lambda < \infty$ or $0.747 < \omega/\sigma < \infty$ which follows for $\lambda > 0$ from DESCARTES' rule and for $\lambda < 0$ by direct calculation.

The second solution of the system $F = 0$ and $F_X = 0$ gives the *maximal admissable excitation.* Near $\lambda = 0$ or $\omega = 3\sigma$ this is

$$\max|y| = (1024/21)\,|\lambda|\,(1 + 49\lambda/24 + 77\lambda^2/72 - 7\lambda^3/1536 + + \cdots) \text{ when } \eta = 0\,. \tag{7}$$

This holds for both signs of λ.

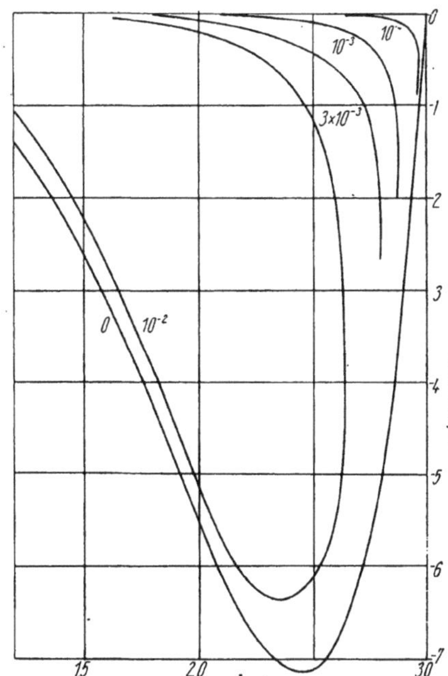

Fig. 1. Domain of existence of third-order subharmonics for the "soft-spring" case $\beta < 0$. Parameter η^2

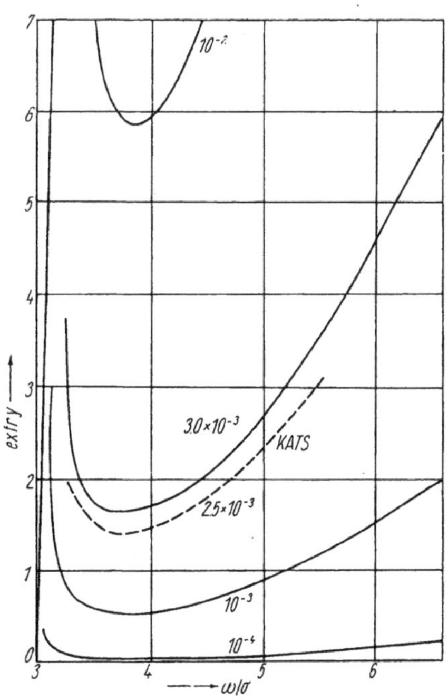

Fig. 2. Domain of existence of third-order subharmonics for the "hard-spring" case $\beta > 0$. Parameter η^2

In the *presence of damping* an approximate determination of min $|y|$ can be based on the fact that for all ω not small vs. σ the value X_0 of X corresponding to $|y| = \min$ or $(\partial y/\partial X)_{X=X_0} = 0$ is numerically small vs. λ. Denoting by X_{00} the value of X_0 for $\eta = 0$ we have from (5) $0 < X_{00}/\lambda < 0.005$ when $\lambda > 0$ and $0 < X_{00}/\lambda < 0.053$ when $-0.95 < \lambda < 0$. For continuity reasons X_0/λ will be small also for small but non-vanishing η.

Now we have from (4)

$$X_0 \approx (8/21)\,[\lambda - [\lambda^2 - 7\eta^2(1+\lambda) - (7/9)\,\lambda^2\,(16 + 15\lambda + 29\eta^2/3)^2/(128 + 240\lambda + 109\lambda^2]^{1/2}\,. \tag{8}$$

The definitions of X_0 and X_{00} imply $\min|y| = |f(X_0, \eta)|$ and $0 = f(X_{00}, 0)$ and hence also $\min|y| = |f(X_0, \eta) - f(X_{00}, 0)|$. This last form has the advantage of canceling out the error in X_0 in the limit $\eta \to 0$. Upon neglecting certain numerically insignificant terms the result for $\eta \ll 1$ is

$$\min|y| \approx (4/21)\,(128 + 240\lambda + 109\lambda^2)\,|\lambda - [\lambda^2 - 7\eta^2(1+\lambda)]^{1/2} \times \operatorname{sgn}\lambda|\,. \tag{9}$$

Especially for $|\lambda| \ll 1$

$$\left.\begin{matrix}\min|y|\\ \max|y|\end{matrix}\right\} \approx (512/21)\,|\lambda \mp (\lambda^2 - 7\eta^2)\operatorname{sgn}\lambda| \tag{10}$$

and for $\lambda \gg 1$

$$\min y \approx 72.67\lambda^2\eta^2\,. \tag{11}$$

The *error involved in* (9) consists of two parts

1. Neglect of higher FOURIER terms in (1).

2. The error in the determination of the minimum.

The first part could, at least in principle, be estimated by the method of URABE [10]. However, its implementation is difficult due to the needed inverse matrices with an infinite number of FOURIER terms. Therefore also a detailed study of the second part does not appear warranted. Higher harmonics, not included in (1), certainly will play a role for low excitation frequencies $\omega/3\sigma \ll 1$.

Fig. 1 and 2 show how according to (9) the area of existence of third-order subharmonics shrinks with increasing damping. In the "soft-spring" case $\beta < 0$ there are no subharmonics even for $\eta = 0$ when $|y| > 7.2$. This is still below the peak of the restoring force. For the "hard-spring" case $\beta > 0$ KATS' result is included in Fig. 2 as the dashed line $\eta^2 = 2.5 \times 10^{-3}$. The parameter values chosen by URABE [10] are $\eta = 2^{-10}$, $\omega/\sigma = 3.1$ and 4.0, $y = +1/8$ and $+1$. The damping constant is here so extremely small that the curve $\eta^2 = 0$ applies and URABE's four points lie well within the sector bounded by it.

References

1 STOKER, J. J., Nonlinear Vibrations, Interscience, page 109, (1950).
2 KATS, A. M., Priklad. Mat. Mech. **18**, 425–444 (1954).
3 LEVINSON, N., Annals of Math. **45**, 723–737 (1944).
4 MASSERA, J. L., Annals of Math. **50**, 118–126 (1949).
5 GAMBILL, R. A.; HALE, J. K., J. Rat. Mech. Analysis **5**, 353–394 (1956).
6 GOLOMB, M., Illinois J. Math. **3**, 45–65 (1959).
7 LOUD, W. S., J. Diff. Eq. **11**, 628–660 (1972).
8 URABE, M., Arch. Rat. Mech. Analysis **20**, 120–152 (1965).
9 URABE, M.; REITER, A., J. Math. Analysis Appl. **14**, 107–140 (1966).
10 URABE, Publ. Res. Inst., Math. Sci. Kyoto Univ. **5**, 79–112 (1969).
11 URABE, M., Lecture Notes in Mathematics. Symp. on Diff. Eq. and Dynamical Systems. Univ. of Warwick 1968–69, p. 62–63 and 158 to 160. Springer 1971.

Eingereicht: 30. 4. 1975, revidierte Fassung 15. 1. 1976

Anschrift: G. PLATO, Georgia Institute of Technology, School, of Engineering Science and Mechanics, Atlanta Georgia, USA 30332

ZAMM 57, 188–191 (1977)

S. MUKHERJEE / L. DEBNATH

On Unsteady Rotating Boundary Layer Flows between two Porous Plates

1. Introduction

In recent papers DEBNATH and MUKHERJEE [1–5] considered the unsteady flow generated in a semi-infinite expanse of incompressible viscous fluid bounded by an infinite porous disk, when both the fluid and the disk are in rigid body rotation with uniform angular velocity and additionally, from time $t = 0$, the disk performs nontorsional oscillations with a given frequency. They discussed various qualitative and quantitative features of the steady as well as the unsteady flow field, the multiple structure of the associated boundary layers, and the significant effects of rotation suction or blowing on the flow at the resonant frequency.

In this paper, a study is made of the above problem in two-plate configuration. The unsteady hydrodynamic and hydromagnetic boundary layer flows between two parallel infinite horizontal porous plates are investigated. The fluid and the plates are in a state of rigid body rotation with constant angular velocity Ω about the z-axis normal to the plates and additionally, from time $t = 0$, the plates execute small amplitude nontorsional oscillations with given frequencies. The exact solutions of the hydrodynamic and hydromagnetic unsteady flow field are obtained, and the structure of the associated multiple boundary layers is determined. It is shown that the transient effects decay asymptotically and the ultimate steady state is reached. The time required for the transient effects to decay is calculated in both hydrodynamic and hydromagnetic cases. The nature of the boundary layers related to injection and resonant frequencies is discussed.

2. The Hydrodynamic Boundary Layer Problem

We consider an imcompressible viscous fluid bounded by two infinite horizontal parallel porous plates at $z = 0$ and $z = h$. The former plate is subjected to a uniform suction with velocity w_0 while the latter is under the action of constant injection with velocity of magnitude w_0. Initially, the plates and the fluid are in a state of rigid body rotation with constant angular velocity Ω about the z-axis normal to the plates, and additionally, from some instant of time, both the plates perform small amplitude nontorsional oscillations with frequencies ω_1 and ω_2 about the axis of rotation.

The unsteady motion of the viscous fluid in this rotating coordinate system is governed by the NAVIER-STOKES equation and the continuity equation in the usual notation

$$\frac{\partial \mathfrak{u}}{\partial t} + (\mathfrak{u} \cdot \nabla)\,\mathfrak{u} + 2\Omega\mathfrak{K} \times \mathfrak{u} = -\nabla\left(\frac{p}{\varrho} - \frac{1}{2}\,\Omega^2 r^2\right) + \nu\nabla^2\mathfrak{u}, \tag{2.1}$$

$$\operatorname{div}\mathfrak{u} = 0\,, \tag{2.2}$$

where $\mathfrak{u} = (u, v, w)$ is the velocity vector, $\mathfrak{K}$ is the unit vector parallel to the z-axis, p is the pressure, ϱ is the density and ν is the kinematic viscosity of the fluid.

This paper is, in fact, a sequel to our earlier works [1–5] and hence it may be fair to avoid the derivation of the boundary layer equations and the basic assumptions made in these papers.

Making reference to the above papers including notations, the nondimensional boundary layer equation is given by

$$\frac{\partial^2 q}{\partial z^2} + S\,\frac{\partial q}{\partial z} - iEq = \frac{E}{2} - \frac{\partial q}{\partial t}\,, \quad 0 \leq z \leq h\,, \quad t > 0 \tag{2.3}$$

where $q = u + iv$, $S = \dfrac{w_0}{U^*}$ and $E = \dfrac{2\Omega\nu}{U^{*2}}$.

In view of the imposed oscillations on the plates, equation (2.3) has to be solved subject to the nondimensional boundary and initial conditions

$$q = a e^{in_1 t} + b\,e^{-in_1 t} - \frac{U}{U^*} \quad \text{on} \quad z = 0\,, \quad t > 0\,, \tag{2.4}$$

$$q = c\,e^{in_2 t} + d\,e^{-in_2 t} - \frac{U}{U^*} \quad \text{on} \quad z = l\,, \quad t > 0\,, \tag{2.5}$$

$$q = 0 \quad \text{for} \quad 0 \leqq z \leqq l,\ t \leqq 0\,, \tag{2.6}$$

where $n_r = \frac{\omega_r}{\Omega}$, $r = 1, 2$.

The LAPLACE transformation

$$\bar{q}(z, p) = \int_0^\infty e^{-pt}\, q(z, t)\, dt\,, \tag{2.7}$$

is applied to the system (2.3)—(2.6) to obtain the solution for the transformed function $\bar{q}(z, p)$ as

$$\bar{q}(z, p) = \frac{a\,e^{\alpha z}}{p - in_1}\,\frac{\sinh\beta(l - z)}{\sinh\beta l} + \frac{b\,e^{\alpha z}}{p + in_1}\,\frac{\sinh\beta(l - z)}{\sinh\beta l} + \frac{c\,e^{\alpha(z-l)}\sinh\beta z}{p - in_2\,\sinh\beta l} + \frac{d\,e^{\alpha(z-l)}\sinh\beta z}{(p + in_2)\sinh\beta l} - \frac{U}{U^*}\left[\frac{e^{\alpha(z-l)}}{p}\,\frac{\sinh\beta z}{\sinh\beta l} + \frac{e^{\alpha z}}{p}\,\frac{\sinh\beta(l - z)}{\sinh\beta l}\right], \tag{2.8}$$

where

$$\alpha = -\frac{S}{2} \quad \text{and} \quad \beta = \left[\frac{E}{2}\left(\frac{S^2 + 4iE}{2E} + p\right)\right]^{1/2}. \tag{2.9 a, b}$$

The inverse LAPLACE transformation

$$q(z, t) = \frac{1}{2\pi i}\int_{\gamma - i\infty}^{\gamma + i\infty} e^{pt}\,\bar{q}(z, p)\, dp\,, \tag{2.10}$$

where γ lies to the right of all singularities in the complex p-plane is evaluated by the theory of residue to obtain the solution

$$\begin{aligned} q(z, t) = {} & a \exp(\alpha z + i\eta_1 t)\,\frac{\sinh\lambda_1(l - z)}{\sinh\lambda_1 l} + b\exp(\alpha z - i\eta_1 t)\,\frac{\sinh\lambda_1'(l - z)}{\sinh\lambda' l} + c\exp\{\alpha(z - l) + i\eta_2 t\}\,\frac{\sinh\lambda_2 z}{\sinh\lambda_2 l} + {} \\ & + d\exp\{\alpha(z - l) - i\eta_2 t\}\,\frac{\sinh\lambda_2' z}{\sinh\lambda_2' l} - \frac{U}{U^*}\left[e^{\alpha(z-l)}\,\frac{\sinh\lambda_3 z}{\sinh\lambda_3 l} + e^{\alpha z}\,\frac{\sinh\lambda_3(l - z)}{\sinh\lambda_3 l}\right] + {} \\ & + \sum_{r=1}^\infty \frac{(-1)^r\, 4\pi\, ar \exp(\alpha z - \lambda t)\sin\left\{r\pi\left(1 - \frac{z}{l}\right)\right\}}{El^2\left(\frac{S^2 + 4iE}{2E} + \frac{2r^2\pi^2}{El^2} + i\eta_1\right)} + \sum_{r=1}^\infty \frac{(-1)^r\, 4\pi\, rb \exp(\alpha z - \lambda t)\sin\left\{r\pi\left(1 - \frac{z}{l}\right)\right\}}{El^2\left(\frac{S^2 + 4iE}{2E} + \frac{2r^2\pi^2}{El^2} - i\eta_1\right)} + {} \\ & + \sum_{r=1}^\infty \frac{(-1)^r\, 4\pi\, rc \exp\{\alpha(z - l) - \lambda t\}\sin\left(\frac{r\pi z}{l}\right)}{El^2\left(\frac{S^2 + 4iE}{2E} + \frac{2r^2\pi^2}{El^2} + i\eta_2\right)} + \sum_{r=1}^\infty \frac{(-1)^r\, 4\pi\, rd \exp\{\alpha(z - l) - \lambda t\}\sin\left(\frac{r\pi z}{l}\right)}{El^2\left(\frac{S^2 + 4iE}{2E} + \frac{2r^2\pi^2}{El^2} - i\eta_2\right)} - {} \\ & - \frac{U}{U^*}\sum_{r=1}^\infty \frac{(-1)^r\, 4\pi r \exp\{\alpha(z - l) - \lambda t\}\sin\left(\frac{r\pi z}{l}\right)}{2r^2\pi^2 + \frac{l^2}{2}(S^2 + 4iE)} - \frac{U}{U^*}\sum_{r=1}^\infty \frac{(-1)^r\, 4\pi r \exp(\alpha z - \lambda t)\sin\left\{r\pi\left(1 - \frac{z}{l}\right)\right\}}{2r^2\pi^2 + \frac{l^2}{2}(S^2 + 4iE)} \end{aligned} \tag{2.11}$$

where

$$\lambda_r = \frac{1}{2}\,[S^2 + 2iE(2 + \eta_r)]^{1/2}\,,$$

$$\lambda_r' = \frac{1}{2}\,[S^2 + 2iE(2 - \eta_r)]^{1/2}\,, \qquad r = 1, 2\,,$$

$$\lambda_3 = \frac{1}{2}\,(S^2 + 4iE)^{1/2} \quad \text{and} \quad \lambda = \frac{S^2 + 4iE}{2E} + \frac{2r^2\pi^2}{El^2}\,.$$

The principal feature of the above solution is that the first five terms of (2.11) represent the steady state component and the remaining infinite series combined together constitute the transient solution. Both the steady state and the transient components are independently modified by the suction parameter and rotation. In the limit $t \to \infty$, the transient component of (2.11) decays very rapidly and the steady state is reached. It follows readily that when $s \neq 0$

$$\lim_{t\to\infty}\lim_{\eta_r\to 2} q(z, t) = \lim_{\eta_r\to 2}\lim_{t\to\infty} q(z, t)\,. \tag{2.12}$$

It is important to note that the steady state solution consists of multiple boundary layers of thicknesses of the orders

$$\frac{\nu}{U^*\left(\frac{S}{2} + a_r\right)} \quad (r = 1, 3)\,, \qquad \frac{\nu}{U^*\left(\frac{S}{2} + a_2'\right)} \quad \text{on} \quad z = 0;$$

and

$$\frac{\nu}{U^*\left(\frac{S_1}{2} - a_r\right)} \quad (r = 2, 3)\,, \qquad \frac{\nu}{U^*\left(\frac{S_1}{2} - a_2'\right)} \quad \text{on} \quad z = l\,,$$

where $S = -S_1$, $S_1 > 0$ corresponds to injection on the plate at $z = l$, $\lambda_r = a_r + ib_r$, $\lambda_r' = a_r' + ib_r'$, $(r = 1, 2)$ and $\lambda_3 = a_3 + ib_3$ with

$$a_r = \frac{1}{2\sqrt{2}}\,[\{S^4 + 4E^2(2 + \eta_r)^2\}^{1/2} + S^2]^{1/2}\,,$$

$$b_r = \frac{1}{2\sqrt{2}}\,[\{S^4 + 4E^2(2 + \eta_r)^2\}^{1/2} - S^2]^{1/2}\,,$$

$$a_r' = \frac{1}{2\sqrt{2}}\,[\{S^4 + 4E^2(2 - \eta_r)^2\}^{1/2} + S^2]^{1/2}\,,$$

$$b_r' = \frac{1}{2\sqrt{2}}\,[\{S^4 + 4E^2(2 - \eta_r)^2\}^{1/2} - S^2]^{1/2}\,,$$

$$a_3 = \frac{1}{2\sqrt{2}}\,[(S^4 + 16E^2)^{1/2} + S^2]^{1/2} \quad \text{and}$$

$$b_3 = \frac{1}{2\sqrt{2}}\,[(S^4 + 16E^2)^{1/2} - S^2]^{1/2}\,.$$

Like one plate configuration with blowing and resonance discussed in [2—3], one of the three boundary layers on $z = l$ extends between the plates when the plate at $z = l$ is forced to oscillate with the resonant frequency $\eta_2 = 2$ $(\omega_2 = 2\Omega)$. This inherent difficulty in a rotating fluid system can be resolved by considering magnetohydrodynamic problems which will be discussed in the next section.

When one or both the plates oscillate with the resonant frequencies $\eta_r = 2$ $(r = 1, 2)$, the solution of the flow field and therefore the boundary layers can be obtained following the analysis made by DEBNATH and HALL [6].

The transient effects represented by the infinite series in (2.11) decay in a time of the order $(\lambda\Omega)^{-1} \equiv \left(\frac{w_0^2}{4\nu} + \frac{\pi^2\nu}{h^2}\right)^{-1}$ in dimensional time which decreases with an increase in the suction velocity. This decay time is always less then the viscous diffusion time of the order $\left(\frac{\nu\pi^2}{h^2}\right)^{-1}$.

In particular when $U = 0$, $S = 0$ and $c = d = 0$, results of this analysis are exactly identical with those of THORNLEY [7]. Finally, this study is in perfect agreement with that made by the authors [1—5].

3. The Hydromagnetic Boundary Layer Problem

In this section, we consider the hydromagnetic boundary layer problem with the same configuration described in Section 2 in an incompressible electrically conducting viscous fluid in the presence of a uniform magnetic field $\mathfrak{B}_0$ normal ro the plates. Making reference to our papers [3—5], the nondimensional boundary layer equation in the hydromagnetic case is given by

$$\frac{\partial^2 q}{\partial z^2} + S\frac{\partial q}{\partial z} - (\eta + iE)\, q = \frac{E}{2}\frac{\partial q}{\partial t}, \quad 0 \leqq z \leqq h, \quad t > 0, \tag{3.1}$$

where $\eta = \frac{\eta^*\nu}{U^{*2}}\left(\eta^* = \frac{\sigma}{\varrho}B_0^2\right)$ is the hydromagnetic interaction parameter, σ is the electrical conductivity of the fluid, and $\mathfrak{B}_0 = (0, 0, B_0)$.

Equation (3.1) has to be solved subject to the boundary and initial conditions (2.4)—(2.6). Using the same procedure as described in Section 2, the solution for the velocity field $q(z, t)$ is given by

$$\begin{aligned} q(z,t) &= a \exp(\alpha z + i\eta_1 t)\frac{\sinh \mu_1(l-z)}{\sinh \mu_1 l} + \\ &+ b\exp(\alpha z - i\eta_1 t)\frac{\sinh \mu_1'(l-z)}{\sinh \mu_1' l} + \\ &+ c\exp\{\alpha(z-l) + i\eta_2 t\}\frac{\sinh \mu_2 z}{\sinh \mu_2 l} + \\ &+ d\exp\{\alpha(z-l) - i\eta_2 t\}\frac{\sinh \mu_2 z}{\sinh \mu_2' z} - \\ &- \frac{U}{U^*}\left[e^{\alpha(z-l)}\frac{\sinh \mu_3 z}{\sinh \mu_3 l} + e^{\alpha z}\frac{\sinh \mu_3(l-z)}{\sinh \mu_3 l}\right] + \\ &+ \sum_{r=1}^{\infty}\frac{(-1)^r 4\pi a r \exp(\alpha z - \delta t)\sin\left\{r\pi\left(1-\frac{z}{l}\right)\right\}}{El^2\left(\frac{S^2+4iE+4\eta}{2E} + \frac{2r^2\pi^2}{El^2} + i\eta_1\right)} + \\ &+ \sum_{r=1}^{\infty}\frac{(-1)^r 4\pi r b \exp(\alpha z - \delta t)\sin\left\{r\pi\left(1-\frac{z}{l}\right)\right\}}{El^2\left(\frac{S^2+4IE+4\eta}{2E} + \frac{2r^2\pi^2}{El^2} - i\eta_1\right)} + \\ &+ \sum_{r=1}^{\infty}\frac{(-1)^r 4\pi r c \exp\{\alpha(z-l) - \delta t\}\sin\left(\frac{r\pi z}{l}\right)}{El^2\left(\frac{S^2+4iE+4\eta}{2E} + \frac{2r^2\pi^2}{El^2} + i\eta_2\right)} + \\ &+ \sum_{r=1}^{\infty}\frac{(-1)^r 4\pi r d \exp\{\alpha(z-l) - \delta t\}\sin\left(\frac{r\pi z}{l}\right)}{El^2\left(\frac{S^2+4iE+4\eta}{2E} + \frac{2r^2\pi^2}{El^2} - i\eta_2\right)} - \\ &- \frac{U}{U^*}\sum_{r=1}^{\infty}\frac{(-1)^r 4\pi r \exp\{\alpha(z-l) - \delta t\}\sin\left(\frac{r\pi z}{l}\right)}{2r^2\pi^2 + \frac{l^2}{2}(S^2+4iE+4\eta)} - \\ &- \frac{U}{U^*}\sum_{r=1}^{\infty}\frac{(-1)^r 4\pi r \exp(\alpha z - \delta t)\sin\left\{r\pi\left(1-\frac{z}{l}\right)\right\}}{2r^2\pi^2 + \frac{l^2}{2}(S^2+4iE+4\eta)} \end{aligned} \tag{3.2}$$

where

$$\mu_r = \frac{1}{2}[S^2 + 4\eta + 2iE(2+\eta_r)]^{1/2},$$

$$\mu_r' = \frac{1}{2}[S^2 + 4\eta + 2iE(2-\eta_r)]^{1/2},$$

$$\mu_3 = \frac{1}{2}(S^2 + 4iE + 4\eta)^{1/2} \quad \text{and} \quad \delta = \frac{S^2+4iE+4\eta}{El^2}.$$

The above solution describes the general features of the unsteady hydromagnetic boundary layer flow in a rotating fluid bounded by two plates including the effects of suction or injection. In the limit $t \to \infty$, the transient component of the solution (3.2) decays much more rapidly than the corresponding hydrodynamic case. Consequently, the hydromagnetic steady state is attained very quickly and consists of multiple boundary layers of thicknesses of the orders

$$\frac{\nu}{U^*\left(\frac{S}{2}+c_r\right)} \quad (r = 1, 3), \qquad \frac{\nu}{U^*\left(\frac{S}{2}+c_2'\right)} \quad \text{on } z = 0,$$

$$\frac{\nu}{U^*\left(\frac{S_1}{2}-c_r\right)} \quad (r = 2, 3), \qquad \frac{\nu}{U^*\left(\frac{S_1}{2}-c_2'\right)} \quad \text{on } z = l$$

where

$$\mu_r = c_r + id_r, \qquad \mu_r' = c_r' + id_r' \qquad (r = 1, 2)$$

and

$$\mu_3 = c_3 + id_3$$

with

$$c_r = \frac{1}{2\sqrt{2}}[\{(S^2+4\eta)^2 + 4E^2(2+\eta_r)^2\}^{1/2} + (S^2+4\eta)]^{1/2},$$

$$d_r = \frac{1}{2\sqrt{2}}[\{(S^2+4\eta)^2 + 4E^2(2+\eta_r)^2\}^{1/2} - (S^2+4\eta)]^{1/2},$$

$$c_r' = \frac{1}{2\sqrt{2}}[\{(S^2+4\eta)^2 + 4E^2(2-\eta_r)^2\}^{1/2} + (S^2+4\eta)]^{1/2},$$

$$d_r' = \frac{1}{2\sqrt{2}}[\{(S^2+4\eta)^2 + 4E^2(2-\eta_r)^2\}^{1/2} - (S^2+4\eta)]^{1/2},$$

$$c_3 = \frac{1}{2\sqrt{2}}[\{(S^2+4\eta)^2 + 16E^2\}^{1/2} + (S^2+4\eta)]^{1/2},$$

$$d_3 = \frac{1}{2\sqrt{2}}[\{(S^2+4\eta)^2 + 16E^2\}^{1/2} - (S^2+4\eta)]^{1/2}.$$

It is noted that when one or both of the plates oscillate with the resonant frequencies $\omega_r = 2\Omega$, $(r = 1, 2)$ the flow field and the associated boundary layers can readily be found. It is interesting to observe that unlike the hydrodynamic two-plate configuration with uniform injection and resonance $(\omega_2 = 2\Omega)$, all the three boundary layers on the plate, $z = l$ for the hydromagnetic case are confined to the plate. Indeed, the electromagnetic body force prevents the imposed oscillations from spreading far away from the plate at $z = l$ for the case of injection and resonance.

The transient effects represented by the infinite series in (3.2) decay in a time of the order $(\delta\Omega)^{-1} \equiv \left(\frac{\omega_0^2}{4\nu} + \frac{\nu\pi^2}{h^2} + \eta^*\right)^{-1}$ in dimensional time scale which decreases with an increase in the suction velocity or electrical conductivity or the external magnetic field. Also, this decay time is smaller than that of the corresponding hydrodynamic situation.

Finally, in the absence of the external magnetic field ($B_0 \to 0$) or in the limit $h \to \infty$, the results of this analysis agree with those of the previous section and papers [1—5].

References

1 DEBNATH, L. and MUKHERJEE, S., Unsteady Multiple Boundary Layers on a Porous Plate in a Rotating System, Physics of Fluids 16, 1418 (1973).
2 DEBNATH, L. and MUKHERJEE, S., Inertial Oscillations and Multiple Boundary Layers in an Unsteady Rotating Flow, Physics of Fluids 17, 1872 (1974).
3 DEBNATH, L., Resonant Oscillations of a Porous Plate in an Electrically Conducting Rotating Viscous Fluid, Physics of Fluids 17, 1704 (1974).
4 DEBNATH, L., Inertial Oscillations and Hydromagnetic Multiple Boundary Layers in a Rotating Fluid, Z. Angew. Math. Mech. 55, 141 (1975).
5 DEBNATH, L., On Ekman and Hartmann Boundary Layers in a Rotating Fluid, Acta. Mech. 18, 333 (1973).
6 DEBNATH, L. and HALL, M., On Unsteady Stokes, Ekman and Rayleigh Layers in a Rotating Fluid, Bull. Polish Acad. Sci. 21, 141 (1973).
7 THORNLEY, C., On Stokes and Rayleigh Layers in a Rotating System Quart. Jour. Mech. and Appl. Math. 21, 451 (1968).

Eingereicht am 15. 11. 75

Anschrift: SUKLA MUKHERJEE, Mathematics Department, Durgapur Engineering College, Durgapur, West Bengal, India / LOKENATH DEBNATH, Mathematics Department, East Carolina University, Greenville, N.C. 27834, USA

ZAMM 57, 191—193 (1977)

S. SRINIVASAN / RISHI RAM

Propagation of Sonic Waves in Radiating Gases

The paper discusses the propagation of a sonic discontinuity in a radiating gas. The velocity of propagation is determined and it is shown that the velocity of propagation of the sonic discontinuity is not influenced by the radiative heat transfer under thin gas approximation. The fundamental differential equations governing the growth of the sonic discontinuity are obtained and solved. It is concluded that if the sonic discontinuity is a compressive wave of order 1, then it terminates into a shock wave after a critical time t_c which has been determined. But on the other hand, if it is an expansion wave of order 1, it will decay and be damped out ultimately. Particular cases of plane and spherical wave fronts have been discussed in details.

1. Introduction

In recent years extensive researches have been made on the formation of shock waves in compressible fluids. Several papers have been published on the formation of shock waves in gases with thermodynamically relaxed state [1, 2, 3, 4]. BECKER [5] provided a new physical approach to this problem of a simple model for the formation of shock waves caused by the accelerated movements of a piston in a tube filled with a quiet gas. SCHMITT [6] analysed the formation of shock waves in radiating gases under emission dominated approximation. The present work provides a mathematical description of the propagation of weak discontinuities in radiating gases and predicts the formation of shock waves in special situations.

THOMAS [7] studied the propagation of sonic discontinuities in an ideal gas. NARIBOLI and SECREST [8] discussed the propagation of weak discontinuities in Magneto-Gas dynamics in the presence of dissipative mechanisms. Ram and Srinivasan [9] obtained the growth equation governing the propagation of weak discontinuity in a radiating gas at high temperature. In the present paper we shall discuss the growth and decay of sonic waves in radiating gases. Effects of radiation are of great significance in astrophysical problems and nuclear explosions. In extremely high speed of flight of a spacecraft re-entering planetary atmospheres, the gases in motion attain high temperature and radiation becomes a very important mode of heat transfer. When the temperature is not too high and gas density is not too low, then the radiant energy density and radiation pressure are negligibly small in comparison with the energy and pressure of the fluid. To simplify the non-linear integro-differential form of the radiative transfer term, we use the transparent or optically thin gas approximation for a gray gas. The transparent gas approximation is applicable when the photon mean free path is large compared with the dimensions of the emitting gas. The radiant energy emission permitted per unit volume reduces to [10]

$$\frac{\partial q_j^R}{\partial x_j} = 4\alpha_P a_R T^4 , \tag{1}$$

where α_P is the PLANCK mean absorption coefficient and a_R is the STEFAN-BOLTZMANN constant. For a gray gas the absorption coefficient does not vary with frequency and can be treated as a constant.

The hydro-dynamical equations governing the continuous flow of an ideal radiating gas are,

$$\frac{\partial \varrho}{\partial t} + \varrho_{,i} U_i + \varrho U_{i,i} = 0 , \tag{2}$$

$$\varrho \frac{\partial U_i}{\partial t} + P_{,i} + \varrho U_j U_{i,j} = 0 , \tag{3}$$

$$\frac{\partial P}{\partial t} - \varrho U_i \frac{\partial U_i}{\partial t} - \varrho U_i U_j U_{i,j} + \gamma P U_{i,i} + + 4(\gamma - 1)\, \alpha_P a_R T^4 = 0 . \tag{4}$$

Let us consider a moving surface $\Sigma(t)$ of a weak discontinuity across which the flow parameters are continuous but their first and higher derivatives are discontinuous. Such a discontinuity is defined as a sonic wave of order 1 [7]. Then it follows that

$$[P] = 0; \quad [\varrho] = 0; \quad [U_i] = 0 , \tag{5}$$

where [ ] denotes the discontinuity in the quantity enclosed. Also the surface $\Sigma(t)$ is assumed to be regular so that there exist limiting values of flow variables and their derivatives as the surface is approached from either side.

2. Determination of the Velocity of Propagation

Taking jumps in equations (2) to (4) and making use of the geometrical and kinematical compatibility conditions [11] we get

$$\lambda_i = \lambda \nu_i , \quad \lambda = \frac{\varepsilon}{\varrho(G - U_n)} , \quad \zeta = \frac{\varrho\lambda}{(G - U_n)} = \frac{\varepsilon}{\varrho(G - U_n)^2} , \tag{6}$$

where

$$\lambda_i = [U_{i,j}]\, \nu_j , \quad \varepsilon = [P_{,j}]\, \nu_j , \quad \zeta = [\varrho_{,j}]\, \nu_j .$$

In consequence of (6) we arrive at the result $G = U_n + C$, where C is the velocity of sound. This shows that the velocity of propagation of the discontinuity is the same as obtained by THOMAS and thus is not influenced by the radiation energy emission.

When the density and pressure are assumed to be uniform and the sonic wave is propagating into a gas at rest, U_i vanishes on $\Sigma(t)$. For this case the speed of propagation of the wave is a constant given by $G = \sqrt{\frac{\gamma P}{\varrho}}$.

3. Differential Equations Governing the Growth and Decay of Sonic Waves

Differentiating the equations (2), (3), and (4) with respect to x_j, taking jumps across $\Sigma(t)$ and using the second order compatibility conditions [11] under the assumption that $U_i = 0$ on $\Sigma(t)$, we get

$$\varrho \frac{\delta \lambda}{\delta t} = -\bar{\varepsilon} + \varrho c \bar{\lambda}_i \nu_i , \tag{7}$$

$$\frac{\delta \zeta}{\delta t} = -2\zeta\lambda + 2\varrho\lambda\Omega + G\bar{\zeta} - \varrho\bar{\lambda}_i \nu_i , \tag{8}$$

$$\frac{\delta \varepsilon}{\delta t} = -(\gamma+1)\,\varepsilon\lambda + 2\gamma P\lambda\Omega + G\bar{\varepsilon} - \gamma P\bar{\lambda}_i\nu_i - \\ - \frac{MP^3}{\varrho^5}(\varrho\varepsilon - P\zeta)\,, \tag{9}$$

where Ω is the mean curvature of $\Sigma(t)$ and

$$\bar{\lambda}_i = [U_{i,jk}]\,\nu_j\nu_k\,, \quad \bar{\varepsilon} = [P_{,jk}]\,\nu_j\nu_k\,,$$

$$\bar{\zeta} = [\varrho_{,jk}]\,\nu_j\nu_k\,, \quad M = \frac{16\alpha_P a_R(\gamma-1)}{R^4}\,.$$

Eliminating the δ-time derivatives in the equations (7) to (9) by virtue of (6) we get

$$\frac{\delta\lambda}{\delta t} = \frac{-(\gamma+1)}{2}\lambda^2 + G\Omega(t)\,\lambda - \frac{MP^3(\gamma-1)}{2\varrho^4\gamma}\lambda\,, \tag{10}$$

$$\frac{\delta\zeta}{\delta t} = \frac{-(\gamma+1)}{2\varrho}G\zeta^2 + G\Omega(t)\zeta - \frac{MP^3(\gamma-1)}{2\varrho^4\gamma}\zeta\,, \tag{11}$$

$$\frac{\delta\varepsilon}{\delta t} = \frac{-(\gamma+1)}{2\varrho G}\varepsilon^2 + G\Omega(t)\,\varepsilon - \frac{MP^3(\gamma-1)}{2\varrho^4\gamma}\varepsilon\,. \tag{12}$$

The equations (10), (11) and (12) are the fundamental differential equations for the variations of the quantities λ, ζ and ε along the normal trajectories of the family of sonic surfaces $\Sigma(t)$. These equations govern the growth of the sonic discontinuities propagating in an ideal radiating gas at rest.

Let $\Sigma(t_0)$ represent the sonic wave surface at time t_0 and let σ represent the distance measured from $\Sigma(t_0)$ along the normal trajectories to the family of surfaces $\Sigma(t)$ in the direction of propagation. Then, $\sigma = G(t - t_0)$ and the scalar functions λ, ζ and ε can be regarded as functions of σ. Hence we can write

$$\frac{\delta\lambda}{\delta t} = G\frac{d\lambda}{d\sigma}, \quad \frac{\delta\zeta}{\delta t} = G\frac{d\zeta}{d\sigma}, \quad \frac{\delta\varepsilon}{\delta t} = G\frac{d\varepsilon}{d\sigma}. \tag{13}$$

Making use of (13) in (10), (11) and (12) we get

$$\frac{d\lambda}{d\sigma} - \left\{\Omega - \frac{24\alpha_P(\gamma-1)^2 H}{\gamma G}\right\}\lambda = \frac{-(\gamma+1)}{2G}\lambda^2\,, \tag{14}$$

$$\frac{d\zeta}{d\sigma} - \left\{\Omega - \frac{24\alpha_P(\gamma-1)^2 H}{\gamma G}\right\}\zeta = \frac{-(\gamma+1)}{2\varrho}\zeta^2\,, \tag{15}$$

$$\frac{d\varepsilon}{d\sigma} - \left\{\Omega - \frac{24\alpha_P(\gamma-1)^2 H}{\gamma G}\right\}\varepsilon = \frac{-(\gamma+1)}{2\varrho G^2}\varepsilon^2\,, \tag{16}$$

where

$$H = \frac{1}{3}a_R\frac{P^3}{\varrho^4 R^4}\,.$$

In view of the relation (6) the equations (14) and (16) are derivable from (15). Therefore, the equation (15) is sufficient to predict the growth or decay of the sonic discontinuity associated with the wave $\Sigma(t)$.

The mean curvature Ω of the sonic wave surface $\Sigma(t)$ is a function of the distance σ and has been calculated [12] in the form

$$\Omega = \frac{\Omega_0 - K_0\sigma}{1 - 2\Omega_0\sigma + K_0\sigma^2}\,,$$

where Ω_0 and K_0 are respectively the mean and Gaussian curvatures of the surface $\Sigma(t)$ at time t_0. Substituting for Ω in (15) and integrating we get

$$\frac{1}{\zeta} = \frac{1}{\zeta_0}\sqrt{1 - 2\Omega_0\sigma + K_0\sigma^2}\,e^{A\sigma} + \\ + \frac{(\gamma+1)}{2\varrho}e^{A\sigma}\sqrt{1 - 2\Omega_0\sigma + K_0\sigma^2}\int_0^\sigma \frac{e^{-A\sigma}\,d\sigma}{\sqrt{1 - 2\Omega_0\sigma + K_0\sigma^2}} \tag{17}$$

where $A = \dfrac{24\alpha_P(\gamma-1)^2 H}{\gamma_G}$ and ζ_0 is the value of ζ at the initial time t_0. In order to predict the physical situation more clearly we consider particular case of a plane wave for which $\Omega = \Omega_0 = 0$ and $K_0 = 0$. For this case the equation (17) reduces to the form

$$\frac{1}{\zeta} = \frac{1}{\zeta_0}e^{A\sigma} + \frac{(\gamma+1)}{2\varrho A}(e^{A\sigma} - 1)$$

which can be written as

$$\zeta = \frac{\zeta_0}{\left\{e^{A\sigma} + \dfrac{(\gamma+1)}{2\varrho A}(e^{A\sigma} - 1)\,\zeta_0\right\}}\,. \tag{18}$$

The equation (18) suggests that if ζ_0 is negative, the discontinuity ζ grows continuously till it tends to infinity as

$$\sigma \to \frac{1}{A}\log\left\{\frac{(\gamma+1)\,|\zeta_0|}{(\gamma+1)\,|\zeta_0| - 2\varrho A}\right\}.$$

In such a situation the continuity of density across $\Sigma(t)$ will break down and consequently the sonic wave will terminate into a shock wave. However, for real value of σ, the following inequality would be satisfied by ζ_0

$$|\zeta_0| > \frac{2\varrho A}{\gamma+1} \tag{19}$$

which is automatically satisfied in the absence of radiation effects. Hence we arrive at an interesting conclusion that when a compressive wave of order 1 propagates in a radiating gas, then the critical time t_c for its termination into a shock wave from the instant t_0, when the discontinuity ζ_0 in the density gradient along the direction of propagation satisfies the inequality (19), is given by

$$t_c = t_0 + \frac{1}{AG}\log\left\{\frac{(\gamma+1)\,|\zeta_0|}{(\gamma+1)\,|\zeta_0| - 2\varrho A}\right\}.$$

Hence in this case a sonic discontinuity will grow and after time t_c it will terminate into a shock wave. But on the other hand when the sonic discontinuity is an expansion wave of order 1 for which ζ_0 is positive in the direction of propagation, then the discontinuity ζ goes on decreasing exponentially and ultimately vanishes. By an expansion wave of order 1 we mean a wave front $\Sigma(t)$ across which the flow parameters are themselves continuous but their gradients are discontinuous and is such that it causes expansion on the down stream flow. This follows from (18), for $\zeta \to 0$ as $\sigma \to \infty$. This shows that in this case a sonic discontinuity will decay exponentially and be damped out ultimately. From the similarity of equations (14), (15) and (16) it is obvious that the other discontinuities will also behave in a similar manner.

When the sonic wave surface $\Sigma(t)$ consists of a family of concentric spheres, the mean curvature Ω is $1/R$, where R denotes the radii of the spheres of the family. This follows from the fact that $\delta\nu_i/\delta t = 0$ for the family of surfaces $\Sigma(t)$. Since the wave surfaces propagate along the normal trajectories, we can replace σ by the radius R. Hence the equations (14), (15) and (16) assume the following forms:

$$\frac{d\lambda}{dR} + \left(A - \frac{1}{R}\right)\lambda = \frac{-(\gamma+1)}{2G}\lambda^2\,, \tag{20}$$

$$\frac{d\zeta}{dR} + \left(A - \frac{1}{R}\right)\zeta = \frac{-(\gamma+1)}{2\varrho}\zeta^2\,, \tag{21}$$

$$\frac{d\varepsilon}{dR} + \left(A - \frac{1}{R}\right)\varepsilon = \frac{-(\gamma+1)}{2\varrho G^2}\varepsilon^2\,. \tag{22}$$

Solving (20), (21) and (22) we obtain

$$\lambda = \frac{\lambda_0}{\dfrac{R_0}{R}e^{A(R-R_0)} + \dfrac{(\gamma+1)\,\lambda_0}{2GA^2R}\{(1 + AR_0)\,e^{A(R-R_0)} - (1 + AR)\}} \tag{23}$$

and two similar relations for ζ and ε where R_0, and λ_0 are respectively the values of R and λ at the initial time.

The relation (23) suggests that when λ_0 is negative, the sonic discontinuity will continuously grow till it terminates into a shock wave at the critical time T_c given by

$$T_c = \frac{GT_0 - R_0}{G} + \frac{R}{G},$$

where R is the real root of the equation

$$2GA^2R_0\,e^{A(R-R_0)} -$$
$$-(\gamma+1)\,|\lambda_0|\,\{(1+AR_0)\,e^{A(R-R_0)} - (1+AR)\} = 0\,.$$

When λ_0 is positive, the sonic discontinuity goes on decaying and ultimately vanishes. From the similarity of relations for ζ and ε it is obvious that the other discontinuities will also behave in a similar manner. Thus we conclude that if the initial discontinuity is a compressive wave of order 1, it will ultimately terminate into a shock wave after the critical time t_c. But on the other hand if it is an expansion wave of order 1, it will decay and be damped out ultimately.

References

1 BECKER, E. u. SCHMITT, H., Entstehung von ebenen, zylinder- und kugelsymmetrischen Verdichtungsstößen in relaxierenden Gasen, Ing.-Arch. 36 (1968), p. 335.
2 BURGER, W., Zur Entstehung von Verdichtungsstößen beim „Kolbenversuch" in Gasen mit thermodynamischer Relaxation, ZAMM 46 (1966), p. 149.
3 BURGER, W., Verdichtungswellen endlicher Amplitude in Gasen mit thermodynamischer Relaxation, Dissertation, Darmstadt, 1967.
4 SCHMITT, H., Fortpflanzung schwacher Unstetigkeiten bei nichtlinearen Wellenausbreitungsvorgängen, ZAMM 48 (1968), p. T241.
5 BECKER, E., Die Entstehung von Verdichtungsstößen in kompressiblen Medien, Ing.-Arch. 39 (1970), S. 302.
6 SCHMITT, H., Entstehung von Verdichtungsstößen in strahlenden Gasen, ZAMM 52 (1972), p. 529.
7 THOMAS, T. Y., The Growth and Decay of Sonic Discontinuities in Ideal Gases, Jour. Math. Mechanics 6 (1957), p. 455.
8 NARIBOLI, G. A. and SECREST, Weak Discontinuities in Magneto-Gas-dynamics in the Presence of Dissipiative Mechanisms, Tensor (N.S.) 18, No. 1 (1967), P. 22.
9 RAM, R. and SRINIVASAN, S., The growth and decay of sonic waves in a radiating gas at high temperature, ZAMP, Facc. 3 (1975) p. 307.
10 PENNER, S. S. and OLFE, D. B., Radiation and Reentry, Academic Press, New York (1968).
11 THOMAS, T. Y., Extended Compatibility Conditions for the Study of Surfaces of Discontinuity in Continuum Mechanics, Jour. Math. Mechanics 6 (1957), P. 311.
12 LANE, E. P., Metric Differential Geometry of Curves and Surfaces, Univ. of Chicago Press (1940), P. 209.

Eingereicht am 30. 10. 1973, revidierte Fassung am 16. 8. 1974

Anschrift: SAVITHRI SRINIVASAN, RISHI RAM, Department of Basic Sciences, Institute of Technology, Banaras Hindu University, Varanasi, 22 10 05, U.P., India

ZAMM 57, 193–194 (1977)

C. R. BECTOR / S. K. BHATT

Duality for a Non-Convex Program in a Real Banach Space

This paper works out a direct duality theorem for a mathematical program in BANACH space having ratio of a convex and a linear functional as its objective function. For a convex program in real BANACH space, RITTER [1] extended the WOLFE's duality theorem for a convex program in EUCLIDEAN space. It however turns out that WOLFE's direct duality theorem does not hold for a pseudoconvex program in general [2, p. 158]. BECTOR [3] succeeded in proving WOLFE's direct duality theorem for a mathematical program in EUCLIDEAN space in which the pseudo-convex objective function is the ratio of a convex and a linear function. The present paper aims at extending this result for programs in BANACH space. The approach to establish the direct duality theorem, however, is the same as that of RITTER, i.e. using the weak duality theorem and the KUHN-TUCKER necessary conditions for optimality.

Introduction

Let B be a real BANACH space, A, a non empty open subset of B. Let $f\colon A \to R$, the set of real numbers. Let $f'(x)$ denote the FRÉCHET derivative of f at $x \in A$ and $[f'(x)]\,(y)$ denote the value of the linear functional $f'(x)$ at $y \in B$. Let C be any subset of A. Then (as in [4]) f is said to be

(i) a *convex functional on* C if for all x^1, x^2 in C,

$$f(x^2) - f(x^1) \geqq [f'(x^1)]\,(x^2 - x^1);$$

(ii) a *pseudo-convex functional on* C if for all x^1, x^2 in C,

$$[f'(x^1)]\,(x^2 - x^1) \geqq 0 \Rightarrow f(x^2) \geqq f(x^1)\,.$$

Consider the following problem:

Primal Program

(P) Minimize $\varphi(x) = f(x)/g(x)$

subject to

$$x \in X = \{x \in A : g_i(x) \leqq 0,\ i \in M,\ M = \{1, 2, \ldots, m\}\},$$

where f and g_i's are FRÉCHET differentiable convex functionals on A and g is a continuous linear functional on B such that $g(x) > 0$ for all $x \in A$.

As in [1], assume that the primal program satisfies the following constraint qualification in order to avoid certain singularities which might occur on the boundary of X.

Constraint Qualification of the Primal Program:

Let x_0 be any point in X. Let $y \in B$ be such that

$$[g_i'(x_0)]\,(y) \leqq 0 \quad \text{for all } i\,,$$

such that $g_i(x_0) = 0$. Then there exists a differentiable mapping $h(t)$ on the interval $0 \leqq t \leqq 1$ into B satisfying

a) $x = h(t)$ is in X for $0 \leqq t \leqq 1$ and $h(0) = x_0$;
b) $h'(0) = \lambda y$ for some positive number λ.

Now consider the program:

(EP) Minimize $\varphi(x) = f(x)/g(x)$

subject to

$$x \in \tilde{X} = \{x \in A : g_i(x)/g(x) \leqq 0,\ i \in M\}\,.$$

It may be noted that the constraints in (EP) also satisfy the constraint qualifications stated above. The two programs (P) and (EP) are *equivalent* in the sense of the following lemma which is easy to prove.

Lemma 1: *$X = \tilde{X}$. Also, an $x^* \in X$ solves* (P) *iff x^* solves* (EP).

Lemma 2: *The functionals f/g and g_i/g, $i \in M$, are pseudo-convex on A.*

Proof: Let x^1, $x^2 \in A$. Then [5]

$$[\varphi'(x^1)]\,(x^2 - x^1) = \{g(x^1)\cdot[f'(x^1)]\,(x^2 - x^1) -$$
$$- f(x^1)\cdot[g'(x^1)]\,(x^2 - x^1)\}/[g(x^1)]^2\,.$$

But f is convex and g is linear, therefore

$$[f'(x^1)]\,(x^2 - x^1) \leqq f(x^2) - f(x^1)\,, \tag{1}$$

$$[g'(x^1)]\,(x^2 - x^1) = g(x^2) - g(x^1)\,, \tag{2}$$

$$[\varphi'(x^1)]\,(x^2 - x^1) \leqq$$
$$\leqq \{g(x^1)\,[f(x^2) - f(x^1)] - f(x^1)\,[g(x^2) - g(x^1)]\}/[g(x^1)]^2$$
$$= [\varphi(x^2) - \varphi(x^1)]\,[g(x^2)/g(x^1)]\,. \tag{3}$$

Pseudo-convexity of φ now follows. Similarly it can be shown that g_i/g is a pseudo-convex functional for all $i \in M$.

Lemma 3([1]): *If $x^* \in X$ solves* (P), *then there exist scalars $\lambda_i^* \geqq 0$, $i \in M$, such that*

$$\varphi'(x^*) + \sum_{i=1}^{m} \lambda_i^*\, g_i'(x^*) = 0\,, \tag{4}$$

$$\lambda_i^*\, g_i(x^*) = 0\,, \qquad i \in M\,. \tag{5}$$

Lemma 4 ([1]): *If $x^* \in X$ solves* (EP) *then there exist scalars $\mu_i^* \geqq 0$, $i \in M$, such that*

$$\varphi'(x^*) + \sum_{i=1}^{m} \mu_i^*(g_i/g)'(x^*) = 0\,, \tag{6}$$

$$\mu_i^*\, g_i(x^*)/g(x^*) = 0\,, \qquad i \in M\,. \tag{7}$$

Using

$$(g_i/g)'(x^*) = \{g(x^*)\,[g_i'(x^*)] - g_i(x^*)\,[g'(x^*)]\}/[g(x^*)]^2$$

and $g'(x^*) = g$ as g is a linear operator and the relation (7), we can rewrite the relations (6) and (7) as

$$\varphi'(x^*) + \sum_{i=1}^{m} [\mu_i^*/g(x^*)]\, g_i'(x^*) = 0\,, \tag{8}$$

$$[\mu_i^*/g(x^*)]\, g_i(x^*) = 0\,, \qquad i \in M\,. \tag{9}$$

Remark 1. Lemma 1 and a comparison of (4) and (5) with (8) and (9) reveal that at an optimal solution x^*,

$$\mu_i^* = g(x^*)\,\lambda_i^* \qquad \text{for all } i \in M\,. \tag{10}$$

The Duality Theorem

We propose the following dual program (D) for the primal program (P):

$$\text{(D)} \qquad \text{Maximize} \quad F(x, \mu) = \left[f(x) + \sum_{i=1}^{m} \mu_i g_i(x)\right] \Big/ g(x)$$

subject to

$$Y = \{(x, \mu) \in A \times R^m : \varphi'(x) + \sum_{i=1}^{m} \mu_i (g_i/g)'(x) = 0\,,$$

$$\mu_i \geqq 0,\ i \in M\}\,.$$

Weak Duality Theorem: *Let $x \in X$ and $(x^0, \mu^0) \in Y$. Then $\varphi(x) \geqq F(x^0, \mu^0)$.*

Proof: Using the relation (3), we get

$$\varphi(x) \geqq \varphi(x^0) + \frac{g(x^0)}{g(x)}\,[\varphi'(x^0)]\,(x - x^0)$$

$$= \varphi(x^0) - \frac{g(x^0)}{g(x)} \sum_{i=1}^{m} \mu^0 \left[\left(\frac{g_i}{g}\right)'(x)\right](x - x^0)$$

as $(x^0, \mu^0) \in Y$

$$\geqq \varphi(x^0) + \sum_{i=1}^{m} \mu_i^0 \left[\frac{g_i(x^0)}{g(x^0)} - \frac{g_i(x)}{g(x)}\right]$$

as relation (3) remains true if we replace $\frac{g_i}{g}$ for φ

$$= F(x^0, \mu^0) - \sum_{i=1}^{m} \mu_i^0 \frac{g_i(x)}{g(x)} \geqq F(x^0, \mu^0)\,.$$

Corollary 1: *If $x^* \in X$ and $(x^0, \mu^0) \in Y$ and $\varphi(x^*) = F(x^0, \mu^0)$, then x^* solves* (P) *and (x^0, μ^0) solves* (D).

Ritter's (Direct) Duality Theorems: *Let x^* be an optimal solution of* (P). *Then there exist scalars $\mu_i^* \geqq 0$, $i \in M$, such that $(x^*, \mu^*) \in Y$ is an optimal solution of* (D) *and $\varphi(x^*) = F(x^*, \mu^*)$.*

Proof: As x^* solves (P) and hence (EP), then by Lemma 4, there exist $\mu_i^* \geqq 0$, $i \in M$, satisfying (6) and (7). This implies that $(x^*, \mu^*) \in Y$. But

$$F(x^*, \mu^*) = \left[f(x^*) + \sum_{i=1}^{m} \mu_i^*\, g_i(x^*)\right] \Big/ g(x^*)\,,$$

$$= \varphi(x^*) + \sum_{i=1}^{m} \frac{\mu_i^*}{g(x^*)}\, g_i(x^*)\,,$$

$$= \varphi(x^*) \quad (\text{from } (7))\,.$$

Hence, by corollary 1, (x^*, μ^*) is an optimal solution of (D).

Remark 1: Since the objective function of (P) is a pseudo-convex functional (Lemma 2), the converse duality theorem of Ritter [1] also holds due to the extension of Ritter's converse duality theorem for pseudo-convex programs [6] and generalized pseudo-convex programs [4] in a real Banach space.

Remark 2: All the results in the paper would be valid if in (P), $f(x)$ and $g(x)$ were replaced by affine continuous functionals $f(x) + \alpha$ and $g(x) + \beta$, $\alpha, \beta \in R$ with $g(x) + \beta > 0$ for $x \in A$.

Remark 3: If A equals the Banach space B and $g(x) = 1$ for all $x \in X$, then the program (P) becomes the problem considered by Ritter [1].

References

1 Ritter, K., Duality for non-linear programming in Banach space, J. SIAM (Appl. Math.) 15 (1967).
2 Mangasarian, O. L., Nonlinear Programming, McGraw-Hill Book Co., USA 1969.
3 Bector, C. R., Duality in non-linear fractional programming, Z. für Operations Research 17, 183–193 (1973).
4 Bhatt, S. K., Generalized pseudo-convex programming in real Banach-space and duality, Cahiers Centre Etudes Rech. Opérat. 16 (1974).
5 Dieudonne, J., Foundations of Modern Analysis, P. P., New York 1960.
6 Suresh Chandra, Duality in Banach spaces, transportation, assignment and large structured fractional programs, Ph. D. Thesis, Dept. of Maths., IIT Kanpur, 1969.

Eingereicht am 26. 2. 1975, revidierte Fassung am 29. 1. 1976

Anschriften: Prof. Dr. C. R. Bector, University of Manitoba, Faculty of Administr. Studies. Dept. of Act. and Bussiness Math., Winnipeg, Manitoba R3T 2N2, Canada
Dr. S. K. Bhatt, Indian Statistical Institute, Calcutta-35, India

ZAMM 57, 194–196 (1977)

P. Ziesche

Certain Sum Rules for Spherical Bessel Functions

Dealing with the quantum-mechanical multiple scattering approach in the electron theory of condensed matter and molecules [1, 3, 4] the author found certain sum rules or addition theorems for spherical Bessel functions $j_l(\varrho)$, which do not seem to have been published so far.

The starting point is the formula

$$j_0(\varrho \pm \varrho') = \sum_l (\mp 1)^l\,(2l + 1)\, j_l(\varrho)\, j_l(\varrho')\,, \tag{1}$$

which is a special case of the known formula (see for example [2], p. 440)

$$j_0(R) = \sum_l (2l+1)\, j_l(\varrho)\, j_l(\varrho')\, P_l(\zeta)\,, \quad R = \sqrt{\varrho^2 + \varrho'^2 - 2\varrho\varrho'\zeta}\,. \tag{2}$$

By the way, (1) can be proved easily and elegantly, using the well-known relations ([2], p. 440)

$$\exp i\varrho\zeta = \sum_l i^l\,(2l + 1)\, j_l(\varrho)\, P_l(\zeta) \tag{3}$$

and (as a consequence of (3))

$$j_l(\varrho) = \frac{1}{i^l}\, P_l\!\left(\frac{\mathrm{d}}{i\,\mathrm{d}\varrho}\right) j_0(\varrho)\,. \tag{4}$$

Applying (3) and (4) to the Taylor-expansion

$$j_0(\varrho \pm \varrho') = \exp\left(\pm\, i\varrho' \frac{\mathrm{d}}{i\,\mathrm{d}\varrho}\right) j_0(\varrho) \tag{5}$$

(1) immediately results. — As special cases (1) involves with $\varrho' = \varrho$ the known sum rules

$$j_0(2\varrho) = \sum_l (-1)^l\,(2l + 1)\, j_l^2(\varrho) \tag{6}$$

and

$$1 = \sum_l (2l + 1)\, j_l^2(\varrho) \tag{7}$$

taking into account $j_0(0) = 1$.

By means of the recursion relations ([2], p. 439)

$$(2l + 1) \frac{\mathrm{d}}{\mathrm{d}\varrho} j_l(\varrho) = l j_{l-1}(\varrho) - (l + 1)\, j_{l+1}(\varrho) \tag{8}$$

and

$$j_1(\varrho) = - \frac{\mathrm{d} j_0(\varrho)}{\mathrm{d}\varrho} \tag{9}$$

one immediately obtains from (1)

$$j_1(\varrho \pm \varrho') = - \sum_l (\mp 1)^l j_l(\varrho') \left[l j_{l-1}(\varrho) - (l + 1)\, j_{l+1}(\varrho)\right], \tag{10}$$

which is also a special case of (8) or (4). As a special case for $\varrho' = \varrho$ the formula (10) yields (for the upper sign)

$$j_1(2\varrho) = 2 \sum_l (-1)^l (l + 1)\, j_l(\varrho)\, j_{l+1}(\varrho)\,. \tag{11}$$

The lower sign leads to a trivial result due to $j_1(0) = 0$.

With the help of (1) and the differential equation for the Bessel functions the equation

$$\frac{1}{\varrho^2} \sum_l (\mp 1)^l (2l + 1)\, j_l(\varrho')\, l(l + 1)\, j_l(\varrho)$$
$$= \left[\frac{\mathrm{d}^2}{\mathrm{d}\varrho^2} + \frac{2}{\varrho}\frac{\mathrm{d}}{\mathrm{d}\varrho} + 1\right] j_0(\varrho \pm \varrho') = 2\left[\frac{1}{\varrho \pm \varrho'} - \frac{1}{\varrho}\right] j_1(\varrho \pm \varrho') \tag{12}$$

holds. The special cases

$$- j_1(2\varrho) = \frac{1}{\varrho} \sum_l (-1)^l (2l + 1)\, l(l + 1)\, j_l^2(\varrho)\,, \tag{13}$$

$$\frac{2}{3} = \frac{1}{\varrho^2} \sum_l (2l + 1)\, l(l + 1)\, j_l^2(\varrho) \tag{14}$$

follow from (12) for $\varrho' = \varrho$, taking into consideration $j_1(x)/x \to 1/3$ for $x \to 0$. (13) can also be obtained from (11) for $\varrho' = \varrho$ by means of the recursion relation ([2], p. 439)

$$\frac{2l + 1}{\varrho} j_l(\varrho) = j_{l-1}(\varrho) + j_{l+1}(\varrho)\,. \tag{15}$$

Using this relation (15) the formula (14) can also be written as

$$\frac{2}{3} = \frac{2}{\varrho} \sum_l (l + 1)^2 j_l(\varrho)\, j_{l+1}(\varrho)\,. \tag{16}$$

If one replaces $j_l(\varrho)/\varrho$ in (16) by (15) once again a further sum results.

Differentiating (10) with respect to ϱ' and using (8) we obtain the following

$$\sum_l (\mp 1)^l \frac{1}{2l + 1} \left[l j_{l-1}(\varrho') - (l + 1)\, j_{l+1}(\varrho')\right] \times$$
$$\times \left[l j_{l-1}(\varrho) - (l + 1)\, j_{l+1}(\varrho)\right]$$
$$= - \frac{\mathrm{d}}{\mathrm{d}\varrho'} j_1(\varrho \pm \varrho') = \mp \frac{1}{3}\left[j_0(\varrho \pm \varrho') - 2 j_2(\varrho \pm \varrho')\right]. \tag{17}$$

The relations following from (17) for $\varrho' = \varrho$ are

$$- \frac{1}{3}\left[j_0(2\varrho) - 2 j_2(2\varrho)\right]$$
$$= \sum_l (-1)^l \frac{1}{2l + 1} \left[l j_{l-1}(\varrho) - (l + 1)\, j_{l+1}(\varrho)\right]^2 \tag{18}$$

and

$$\frac{1}{3} = \sum_l \frac{1}{2l + 1} \left[l j_{l-1}(\varrho) - (l + 1)\, j_{l+1}(\varrho)\right]^2 \tag{19}$$

taking into account $j_2(0) = 0$. (19) can be obtained also from (14) and (7), because (symbolically) (14) + (19) = (7) is true, which can be seen with the help of (15).

Obviously these are only simple examples of more general formulae coming from (1) by successive differentiations.

The above mentioned sum rules are special cases of the following general formula

$$\sum_{L''} J^{n0}_{LL''} J^{0n'}_{L''L'} = J^{nn'}_{LL'} \tag{20}$$

with

$$J^{nn'}_{LL'} \equiv 4\pi \sum_{L''} C_{LL'L''}\, i^{l-l'+l''} j_{l''}(|\vec{a}_n - \vec{a}_{n'}|)\, Y_{L''}\left(\frac{\vec{a}_n - \vec{a}_{n'}}{|\vec{a}_n - \vec{a}_{n'}|}\right) \tag{21}$$

as structure matrices of multiple scattering theory [1]. Here $Y_L(\cdots)$ are spherical harmonics (chosen to be real for simplicity) with the quantum numbers l and m, hence $L \mathrel{\hat{=}} (l, m)$, and $C_{LL'L''}$ are the usual Clebsch-Gordon coefficients

$$C_{LL'L''} \equiv \int \mathrm{d}\Omega\, Y_L(\vec{e})\, Y_{L'}(\vec{e})\, Y_{L''}(\vec{e})\,, \qquad |\vec{e}| = 1\,. \tag{22}$$

More strictly (22) means Gaunt coefficients because we use real spherical harmonics. It immediately follows from the definition (21) reformulated as

$$J^{nn'}_{LL'} = i^{l-l'} \int \mathrm{d}\Omega\, Y_L(\vec{e})\, \mathrm{e}^{i\vec{e}(\vec{a}_n - \vec{a}_{n'})}\, Y_{L'}(\vec{e}) \tag{23}$$

that (20) is true. Here the well-known expansion

$$\mathrm{e}^{i\vec{e}\vec{a}} = 4\pi \sum_L i^l j_l(a)\, Y_L\left(\frac{\vec{a}}{a}\right) Y_L(\vec{e}) \tag{24}$$

has been used, which is a generalization of (3) owing to

$$(2l + 1)\, P_l\left(\frac{\vec{a}}{a}\vec{e}\right) = 4\pi \sum_m Y_L\left(\frac{\vec{a}}{a}\right) Y_L(\vec{e})\,. \tag{25}$$

Now with the closure relation of $Y_L(\cdots)$ the sum rule (20) is really a trivial consequence of (23).

In multiple scattering problems there are usually several scattering centres at sites $\vec{a}_n$ ($n = 1, 2, \ldots$). But if one considers only two scattering centres ($n = 1$ and 2) as in [4], choosing $\vec{a}_1 = \varrho\vec{e}_z$ and $\vec{a}_2 = -\varrho\vec{e}_z$, (20) takes the form

$$\sum_{L''} J^{10}_{LL''} (\pm 1)^{l''} J^{01}_{L''L'} = \begin{cases} \delta_{LL'} \\ J^{12}_{LL'} (-1)^{l'}\,, \end{cases} \tag{26}$$

because

$$J^{11}_{LL'} = \delta_{LL'}\,, \qquad J^{02}_{L''L'} = (-1)^{l''} J^{01}_{L''L'} (-1)^{l'} \tag{27}$$

as seen from (23) and $Y_L(-\vec{e}) = (-1)^l\, Y_L(\vec{e})$. Due to

$$Y_L(\vec{e}_z) = \sqrt{\frac{2l + 1}{4\pi}}\, \delta_{m0}\,, \qquad C_{\substack{l\, l'\, l'' \\ m m' 0}} \sim \delta_{mm'} \tag{28}$$

the structure matrices needed in (26) take the form

$$J^{10}_{LL'} = 4\pi\delta_{mm'} \sum_{l''} C_{\substack{l\, l'\, l'' \\ m m 0}}\, i^{l-l'-l''} j_{l''}(\varrho) \sqrt{\frac{2l'' + 1}{4\pi}} \equiv \delta_{mm'} \bar{J}^m_{ll'}\,,$$
$$J^{01}_{LL'} = J^{10}_{L'L} = \delta_{mm'} \bar{J}^m_{l'l}\,,$$
$$J^{12}_{LL'} = 4\pi\delta_{mm'} \sum_{l''} C_{\substack{l\, l'\, l'' \\ m m 0}}\, i^{l-l'+l''} j_{l''}(2\varrho) \sqrt{\frac{2l'' + 1}{4\pi}} \equiv \delta_{mm'} J^m_{ll'}\,. \tag{29}$$

With denotation introduced in (29)

$$\sum_{l''} (\pm 1)^{l''} \bar{J}^m_{ll''} \bar{J}^m_{l'l''} = \begin{cases} \delta_{ll'} \\ J^m_{ll'} (-1)^{l'}\,, \end{cases} \tag{30}$$

is obtained.

Now specifying the values m, l, l' in (30) the considered sum rules (6), (7) etc. actually result. With

$$\bar{J}^0_{0l} = \sqrt{2l + 1}\, j_l(\varrho)\,,$$
$$\bar{J}^0_{1l} = \sqrt{\frac{3}{2l + 1}} \left[l\, j_{l-1}(\varrho) - (l + 1)\, j_{l+1}(\varrho)\right], \tag{31}$$
$$\bar{J}^1_{1l} = \sqrt{\frac{3}{2}\, l(l + 1)\, (2l + 1)}\; j_l(\varrho)/\varrho$$

and corresponding expressions for $J_{ll'}^m$ (e.g. 2ϱ instead of ϱ, it is seen, that (30) yields (6) and (7) for $m = l = l' = 0$, (11) for $m = 0, l = 1, l' = 0$, (13) and (14) for $m = l = l' = 1$ (18) and (19) for $m = 0, l = l' = 1$.

References

1 JOHN, W.; ZIESCHE, P., phys. stat. sol. (b), 47, 555 (1971).
2 ABRAMOWITZ, M.; STEGUN, I. A., Handbook of Mathematical Functions, Dover Publications, Inc., New York 1965.
3 ZIESCHE, P., J. Phys. C.: Solid State Phys. 7, 1085 (1974).
4 ZIESCHE, P.; JOHN, W.; J. Phys. B.: Atom. Molec. Phys. 9, 333 (1976).

Eingereicht am 30. 9. 1975

Anschrift: Prof. Dr. P. ZIESCHE, TU Dresden, Sektion Physik, AG Theoretische Physik, DDR-8027 Dresden, Mommsenstraße 13

ZAMM 57, 196 – 197 (1977)

P. VIELSACK

On the Difference between Lateral Buckling by Bending and by Torsion

Basic Relations

A spatial curve is determined by the specification of its curvature and its twist. It seems at first glance, that the behaviour of elastic rods can obviously be described by equations which contain only the quantities mentioned above. For this purpose, KIRCHHOFF's kinetic analogy can be used.

Moving along the deformed central line of an elastic rod, the principal flexural axes of the cross section and the tangent to the central line form a local trihedron. In this system of coordinates, the two flexural rigidities are called A and B, respectively, the torsional rigidity C, the curvatures p and q, respectively, and the twist r. The derivation with respect to the arc length is indicated by a dot. If only moments are applied at both ends of the rod, the following system of differential equations exists

$$\begin{aligned} A\dot{p} - (B - C)\, qr &= 0\,, \\ B\dot{q} - (C - A)\, rp &= 0\,, \\ C\dot{r} - (A - B)\, pq &= 0\,. \end{aligned} \tag{1}$$

In discussing a certain problem, the corresponding boundary conditions must be added to (1) to get a sufficiently formulated boundary value problem. Normally the last ones do not contain curvature or twist at the supports but angles or even deflections. These couplings in the boundary conditions imposes additional equations to (1).

To show this interdependence, two problems shall be compared to each other, namely lateral buckling by bending moments („PRANDTL") and lateral buckling by torsional moments („GREENHILL"). Recently FALK [1] has investigated the same problems as special cases of general equations.

Differential Equations

A stable configuration of equilibrium of a deformed rod is regarded, whose central line has the characteristics $p^{(0)}$, $q^{(0)}$ und $r^{(0)}$ due to the applied moments. Its stability is to be investigated. For this purpose, perturbation methods are convenient. In order to consider a disturbed vicinity of the stable configuration, we add to each degree of freedom an infinitesimal perturbation

$$\begin{aligned} p &= p^{(0)} + \varepsilon p^{(1)}\,, \\ q &= q^{(0)} + \varepsilon q^{(1)}\,, \\ r &= r^{(0)} + \varepsilon r^{(1)} \end{aligned} \tag{2}$$

with ε as a small parameter. Substitution of (2) into (1) and restriction to linear terms in ε we get the equations of the fundamental state of deformation

$$\begin{aligned} A\dot{p}^{(0)} - (B - C)\, q^{(0)}r^{(0)} &= 0\,, \\ B\dot{q}^{(0)} - (C - A)\, r^{(0)}p^{(0)} &= 0\,, \\ C\dot{r}^{(0)} - (A - B)\, p^{(0)}q^{(0)} &= 0 \end{aligned} \tag{3}$$

and the equations of the first approximation

$$\begin{aligned} A\dot{p}^{(1)} - (B - C)\, (q^{(0)}r^{(1)} + r^{(0)}q^{(1)}) &= 0\,, \\ B\dot{q}^{(1)} - (C - A)\, (r^{(0)}p^{(1)} + p^{(0)}r^{(1)}) &= 0\,, \\ C\dot{r}^{(1)} - (A - B)\, (p^{(0)}q^{(1)} + q^{(0)}p^{(1)}) &= 0\,. \end{aligned} \tag{4}$$

Two special cases can now easily be mentioned. The first one is lateral buckling by bending moments M_{x0}. To its fundamental state of deformation which is expressed by a plane curve with constant curvature, corresponds

$$\begin{aligned} p^{(0)} &= M_{x0}/A\,, \\ q^{(0)} &\equiv r^{(0)} \equiv 0\,. \end{aligned} \tag{5}$$

According to (5), the equations (3) are identically satisfied and (4) gives

$$\begin{aligned} A\dot{p}^{(1)} &= 0\,, \\ B\dot{q}^{(1)} - (C - A)\, p^{(0)}r^{(1)} &= 0\,, \\ C\dot{r}^{(1)} - (A - B)\, p^{(0)}q^{(1)} &= 0\,. \end{aligned} \tag{6}$$

The second case is lateral buckling by torsional moments M_{z0}. The central line is now an ideal straight one, which is merely twisted. This leads to

$$\begin{aligned} p^{(0)} &\equiv q^{(0)} \equiv 0\,, \\ r^{(0)} &= M_{z0}/C\,. \end{aligned} \tag{7}$$

According to (7), the equations (3) are identically satisfied and (4) gives

$$\begin{aligned} A\dot{p}^{(1)} - (B - C)\, r^{(0)}q^{(1)} &= 0\,, \\ B\dot{q}^{(1)} - (C - A)\, r^{(0)}p^{(1)} &= 0\,, \\ C\dot{r}^{(1)} &= 0\,. \end{aligned} \tag{8}$$

We are now interested to investigate the stability of the solutions (5) and (7), respectively, which are special solutions of the general equations (1). This leads to the question which kind of conditions assure the existence of nontrivial solutions of (6) and (8), respectively.

Boundary Value Problem

Despite the remarkable duality of the differential equations (5) and (7), respectively (6) and (8), the two problems differ extremely in the boundary conditions. Only if we assume free bending and axial, but no torsional movements of the supports in the case of buckling by bending, boundary conditions can be specified, which contain curvature and twist. This leads to the exact formula [2].

Even if we restrict ourselves to the simplest case, i. e. free axial and torsional movements at the supports, we obtain for the second case boundary conditions, which contain the deflections of both ends of the rod. The equations (8) are not sufficient as shown by GRAMMEL [3], who derived the complete solution of the problem.

One could try to overcome these difficulties by using the relations $p^{(1)} = -\ddot{v}$ and $q^{(1)} = \ddot{u}$, where u and v are deflections measured in a system of coordinates without torsion, and by setting $u(o) = v(o) = u(l) = v(l) = 0$ as corresponding boundary conditions. In the case of equal bending stiffnesses $A = B$ one would then get the same result as FALK [1] for the critical torsional moment, namely

$$M_{\text{crit}} = \frac{2\pi}{l} \left(\frac{1}{1/C - 1/A} \right)$$

which differs from GREENHILL's formula.

References

1 FALK, S., Die linearisierte Theorie dritter Ordnung des geraden elastischen Balkens, ZAMM 55, T 79 – T 81 (1975).
2 VIELSACK, P., Lateral Stability of Arches, an Illustration of Perturbation Techniques in the Elastic Stability, MECH. RES. COMM. 2, 31 – 34 (1975).
3 GRAMMEL, R., Das kritische Drillingsmoment von Wellen, ZAMM 3, 262 – 271 (1923).

Eingereicht am 21. 8. 1975

Anschrift: Dr. Ing. P. VIELSACK, Institut für Mechanik der Universität Karlsruhe (TH), D-75 Karlsruhe, Postfach 6380, Bundesrepublik Deutschland

ZAMM 57, 197 – 198 (1977)

J. T. BOYLE

On the Form of Castigliano's Theorem for the Nonsteady Creep of Structures

1. Introduction

The following investigation was prompted by a statement of CASTIGLIANO's theorem for the nonsteady creep of structures which appeared in the monograph by L. M. KACHANOV [1]. It was felt that the theorem was misleading in some respects.

In this study CASTIGLIANO's theorem shall be rederived in a form which is applicable to more general inelastic material behaviour, and to nonsteady creep in particular. For simplicity the theorem is established for a class of time invariant point loads in the sense of LANGHAAR [2]. The correct interpretation of KACHANOV's version of the theorem is discussed, and a nondimensional form, useful in some practical situations, is derived.

2. CASTIGLIANO's theorem for small deformations

Consider a body occupying a volume V bounded by a surface S deforming inelastically such that the stress field σ_{ij} is in equilibrium with body forces $\bar{B}_i$ per unit volume in V,

$$\sigma_{ij,j} + \bar{B}_i = 0 \tag{1}$$

with surface tractions $\bar{T}_i$ on $S_T \subset S$,

$$\sigma_{ij} n_j = \bar{T}_i\,, \tag{2}$$

where n_i is the unit normal vector to S_T, and with a constant point load Q applied to a small surface $S_0 \subset S$ in the direction N_i,

$$\int_{S_0} \sigma_{ij} n_j \, \mathrm{d}S = Q N_i\,. \tag{3}$$

Let the corresponding strain rate field $\dot{\varepsilon}_{ij}$ be compatible with a displacement rate vector $\dot{u}_i$ such that the displacement is fixed in time over $S_U \subset S$,

$$u_i = \bar{u}_i\,. \tag{4}$$

It is supposed that this problem has a solution, and that this is described by σ_{ij}, $\dot{\varepsilon}_{ij}$ and $\dot{u}_i$. Further it is assumed that

$$S_U \cup S_T \cup S_0 \equiv S\,, \qquad S_U \cap S_T \equiv S_U \cap S_0 \equiv S_0 \cap S_T \equiv \emptyset\,.$$

Consider an arbitrary self equilibrating stress field

$$h_{ij,j} = 0 \quad \text{in } V\,, \qquad h_{ij} n_j = 0 \quad \text{on } S_T \tag{5, 6}$$

and form the functional

$$\int_V \dot{\varepsilon}_{ij} h_{ij} \, \mathrm{d}V = \int_S \dot{u}_i n_j h_{ij} \, \mathrm{d}S$$

using GREEN's identity together with (5),

$$\int_V \dot{\varepsilon}_{ij} h_{ij} \, \mathrm{d}V = \int_{S_T \cup S_0} \dot{u}_i n_j h_{ij} \, \mathrm{d}S$$

using (4)

$$\int_V \dot{\varepsilon}_{ij} h_{ij} \, \mathrm{d}V = \int_{S_0} \dot{u}_i n_j h_{ij} \, \mathrm{d}S$$

using (6). If $n_j h_{ij}$ does not change sign over S_0 the Mean Value Theorem for integrals can be used,

$$\int_{S_0} \dot{u}_i n_j h_{ij} \, \mathrm{d}S = \dot{q}_i \int_{S_0} n_j h_{ij} \, \mathrm{d}S\,,$$

where $\dot{q}_i$ is the displacement rate vector associated with some point of S_0.

It is supposed that the class of point loads considered is such that S_0 is small enough for there to be no sign change in the resultant traction vector $T_i = \sigma_{ij} n_j$ over it. Then $h_{ij} = \dfrac{\mathrm{d}\sigma_{ij}}{\mathrm{d}Q}$ satisfies the conditions imposed (assuming that $\bar{B}_i$, $\bar{T}_i$ in (1), (2) do not depend on Q) and there results using (3)

$$\int_{S_0} n_j h_{ij} \, \mathrm{d}S = \int_{S_0} n_j \frac{\mathrm{d}\sigma_{ij}}{\mathrm{d}Q} \, \mathrm{d}S = \frac{\mathrm{d}}{\mathrm{d}Q} \int_{S_0} n_j \sigma_{ij} \, \mathrm{d}S = N_i\,.$$

Therefore

$$\dot{q} = \dot{q}_i N_i = \int_V \dot{\varepsilon}_{ij} \frac{\mathrm{d}\sigma_{ij}}{\mathrm{d}Q} \, \mathrm{d}V\,, \tag{7}$$

where $\dot{q}$ is interpreted as the displacement rate associated with Q. The following theorem can be inferred:

Theorem (CASTIGLIANO): *Let a body occupying a volume V, bounded by a surface S, be mounted such that rigid body displacements of the entire system are impossible, and a certain external point load Q, constant in time, shall act on the system in addition to distributed loads and a constant applied displacement, then the displacement rate $\dot{q}$ of the point of application of the force in the direction of the force is given by* (7).

Although the theorem has been simply established for a class of point loads, it can be extended to include more general force systems and couples using the classical methods of the variational calculus. Further applications of (7) depend on the constitutive law.

3. Application to metallic Creep

3.1. Steady Creep

The phenomenon of steady creep in metallic structures under constant load such that stresses and deformation rates are constant in time can be adequately described by the material law

$$\dot{\varepsilon}_{ij} = \frac{\partial}{\partial \sigma_{ij}} \Lambda(\sigma_{ij})$$

where Λ is some potential function of the stress field σ_{ij}. In this case CASTIGLIANO's theorem becomes

$$\dot{q} = \frac{\mathrm{d}}{\mathrm{d}Q} \int_V \Lambda \, \mathrm{d}V$$

which is well known; however the following appears to be new to the literature:

3.2. Nonsteady Creep

In nonsteady creep it is assumed that a structure continues to deform elastically in order to account for structural stress redistribution. The total strain is separated into an elastic and a viscous component [1],

$$\varepsilon_{ij} = \varepsilon_{ij}^{e} + \varepsilon_{ij}^{c}\,, \tag{8}$$

so that the elastic strain is related to the stress field via the symmetric HOOKE's law

$$\varepsilon_{ij}^{e} = C_{ijkl} \sigma_{kl}\,, \tag{9}$$

where C_{ijkl} is the fourth order compliance tensor.

It is assumed that the viscous strain rate can be derived from a nonlinear MAXWELL model so that

$$\dot{\varepsilon}_{ij}^{c} = \frac{\partial}{\partial \sigma_{ij}} \Lambda(t, \sigma_{ij})\,. \tag{10}$$

On substituting (8), (9) and (10) into (7) there results CASTIGLIANO's theorem for nonsteady creep

$$\dot{q} = \frac{d}{dQ}\int_V \Lambda(t, \sigma_{ij})\, dV + \int_V C_{ijkl}\dot{\sigma}_{kl}\frac{d\sigma_{ij}}{dQ}\, dV . \quad (11)$$

3.3. KACHANOV's Result

In [1] KACHANOV quotes the following form of the theorem

$$\begin{aligned}\dot{q} &= \frac{d}{dQ}\int_V \Lambda(t, \sigma_{ij})\, dV + \frac{d}{dQ}\int_V \frac{\partial\pi}{\partial t}(\sigma_{ij})\, dV \\ &= \frac{d}{dQ}\int_V \Lambda(t, \sigma_{ij})\, dV + \frac{d}{dQ}\int_V C_{ijkl}\dot{\sigma}_{kl}\sigma_{ij}\, dV ,\end{aligned} \quad (12)$$

where π is the elastic complementary energy. Clearly there is a discrepancy between (7) and (12); this can be explained on noting that KACHANOV writes (8), (9) and (10) as

$$\dot{\varepsilon}_{ij} = \frac{\partial}{\partial\sigma_{ij}}\left(\Lambda + \frac{\partial\pi}{\partial t}\right)$$

which of necessity treats $\dot{\sigma}_{ij}$ as an independent variable. However in applying (7)

$$\dot{\varepsilon}_{ij}\frac{d\sigma_{ij}}{dQ} = \frac{\partial}{\partial\sigma_{ij}}\left(\Lambda + \frac{\partial\pi}{\partial t}\right)\frac{\partial\sigma_{ij}}{\partial Q} \neq \frac{d}{dQ}\left(\Lambda + \frac{\partial\pi}{\partial t}\right)$$

since $\dot{\sigma}_{ij}$ also depends on Q!

Thus (12) should be interpreted in the sense that differentiation with respect to Q extends over stresses alone and not stress rates! (It is important to notice that these comments only apply to KACHANOV's version of CASTIGLIANO's theorem (12) and not the variational theorem — minimum complementary power — from which it is derived in [1] and which is precise.)

3.4. A Nondimensional Form of CASTIGLIANO's Theorem

In the solution of practical creep problems similarity is incorporated into the viscous law (10)

$$\dot{\varepsilon}_{ij}^{c} = B(t)\,\frac{\partial\Lambda}{\partial\sigma_{ij}}(\sigma_{ij})$$

with $\Lambda(\sigma_{ij})$ a homogeneous potential function of degree $n + 1$, and it is found useful to define an alternative time-scale [3]

$$\tau = E\sigma_0^{n-1}\int B(T)\, dT ,$$

where E is YOUNG's modulus and σ_0 an arbitrary stress.

Due to the linearity of the equilibrium equations (1), (2) and (3) it is possible to define a nondimensional stress $\sigma_{ij}^* = \sigma_{ij}/\sigma_0$ with $\sigma_0 = \alpha Q$ such that σ_{ij}^* is independent of Q, where α is a parameter. CASTIGLIANO's theorem (11) then takes the nondimensional form

$$\frac{dq^*}{d\tau} = \alpha\left[\int_V \Lambda^*(\sigma_{ij}^*)\, dV + \frac{\partial}{\partial\tau}\int_V \pi^*(\sigma_{ij}^*)\, dV\right],$$

where $q^* = q/\varepsilon_0$, $\varepsilon_0 = \sigma_0/E$, $\Lambda^* = (n + 1)\Lambda$ and $\pi^* = E\pi$. This form is useful in practical applications (see, for example, [4]) particularly when approximations for stresses are available.

References

1 KACHANOV, L. M., Theory of creep, Translation of the Russian monograph by National Lending Library, Boston Spa, England (1967).
2 LANGHAAR, H. L., The principle of complementary energy in non-linear elasticity theory. J. Franklin Inst. 256, pp. 255—265 (1953).
3 PENNY, R. K., MARRIOTT, D. L., Design for creep, McGraw-Hill (1971).
4 BOYLE, J. T., SPENCE, J., The flexibility of curved pipes in creep, to be published.

Eingereicht am 24. 6. 1975

Anschrift: Dr. JAMES T. BOYLE, University of Strathclyde, Department of Mechanics of Materials, James Weir Building, 75 Montrose Street, Glasgow 61 1XJ, Großbritannien

BUCHBESPRECHUNG

Hahn, H. G., Bruchmechanik. Stuttgart. B. G. Teubner. 1976. 221 S., 133 Abb., DM 34.—. (Teubner Studienbücher Mechanik Bd. 30).

Das Buch stellt eine Einführung in die theoretischen Grundlagen der linear-elastischen Bruchmechanik dar. Nach einer einleitenden Übersicht über die verschiedenen Brucharten und die Entstehung und Ausbreitung von Rissen werden ebene und räumliche Rißprobleme mit komplexen Spannungsfunktionen sowie mit Integraltransformationen untersucht. Eine Übersicht über elastisch-plastische Lösungen von Rißproblemen wird gegeben. Zur Berechnung komplizierterer Rißprobleme werden die Spannungsverteilung in unmittelbarer Umgebung der Risse und die Methode der Spannungsintensitätsfaktoren diskutiert. Auf den Zusammenhang mit den Kerbfaktoren wird hingewiesen, plastische Zonen an der Rißspitze werden berücksichtigt. Die GRIFFITH-Theorie für Brüche ideal-spröder Körper wird erklärt, auf ihre experimentelle Bestätigung und auf Anwendungen auf ebene und räumliche Rißanordnungen wird hingewiesen. Als Verallgemeinerung auf die instabile Vergrößerung von Rissen, bei denen sich kleine plastisch verformte Bereiche auf die unmittelbare Umgebung der Rißspitze beschränken, wird die linear-elastische Bruchmechanik von IRWIN behandelt. Abschließend werden die Zielstellungen der Bruchmechanik im Gegensatz zur physikalischen Bruchforschung, die Ausbreitung von Ermüdungsrissen, die Spannungsrißkorrosion und die gegenwärtige Entwicklung zu einer „Fließbruchmechanik", die den gesamten Bereich der plastischen Verformungen umfaßt, erläutert. In Anhängen werden die Grundlagen der Elastizitätstheorie und die Anwendung der Methode der finiten Elemente auf Spannungsprobleme dargestellt, wodurch der Hauptteil von allgemeinen Erläuterungen entlastet wird (was bei den KOLOSOVschen Formeln und ihren Transformierten noch konsequenter geschehen könnte).

Mit allgemeinen Einleitungen, formelmäßiger Entwicklung der Grundlagen und zahlreichen Hinweisen auf Weiterführungen und Entwicklungstendenzen bietet das Buch eine außerordentliche klar geschriebene Einführung in das sich schnell entwickelnde Gebiet der Bruchmechanik.

Berlin G. SCHMIDT

EINGEGANGENE BÜCHER

Bei der Schriftleitung sind folgende Bücher eingegangen (ausführliche Besprechung bleibt vorbehalten).

Walter, W., Gewöhnliche Differentialgleichungen. Eine Einführung. 2. korr. Auflage, Berlin-Heidelberg-New York. Springer-Verlag. 1976. 229 S., 28 Abb., DM 18,80. US $ 7.80. (Heidelberger Taschenbücher 110)

Duvaut, G. / Lions, J. L., Inequalities in Mechanics and Physics. Berlin-Heidelberg-New York. Springer-Verlag. 1976. XVI, 397 S., 28 Abb., DM 98,–. US $ 40.20. Aus dem Französischen, (Grundlagen aus den mathematischen Wissenschaften 219)

Kempe, V., Analyse stochastischer Systeme. Teil 1. Berlin. Akademie-Verlag. 1976. 200 S., M 8.–. (WTB 137)

Magnus, K., Schwingungen. 3. Auflage, Stuttgart. B. G. Teubner. 1976. 251 S., DM 22,80. (Teubner Studienbücher Mechanik)

Ed. **Temme, N. M.,** Nonlinear Analysis. Bd. 1 und 2. Amsterdam. Mathematisch Centrum. 1976. ca. 140 und 200 S., Dfl. 15,– (Bd. 1), Dfl. 21,– (Bd. 2).

Filtschakow, P. F., Numerische und graphische Methoden der angewandten Mathematik. Berlin. Akademie-Verlag. 1975. 770 S., 170 Abb., DM 58,–. (Aus dem Russischen)

Lamprecht, G., Einführung in die Programmiersprache SIMULA, Skriptum für Hörer aller Fachrichtungen ab 1. Semester, Braunschweig. Vieweg. 1976. 231 S., DM 19,80. (uni-text)

Germain, C. B., Das Programmierhandbuch der IBM/370. München-Wien. Carl Hanser Verlag. 1976. XVI, 1128 S., 401 Abb., DM 58,–. (Aus dem Amerikanischen)

Berg, L., Analysis in geordneten, kommutativen Halbgruppen mit Nullelement. Leipzig. Johann Ambrosius Barth. 1975. 28 S., M 9,20. (Nova Acta Leopoldina NF Nr. 219, Band 43)

Litwiniszyn, J., Stochastic Methods in Mechanics of Granular Bodies. Course held at the Deptt. of General Mechanics 1972, Wien-New York. Springer-Verlag. Udine 1974. 93 S., 25 Abb., $ 128,–. DM 18,50 (ICMS Courses and Lectures 93)

Rechnerstrukturen, Vorträge des Informatik-Symp. der IBM Deutschland. Hrsg. Hasselmeier, H. / Spruth, W. G., München-Wien. R. Oldenbourg Verlag. 1974. 458 S., 144 Abb., DM 68,–.

Ekeland, I. / Temam, R., Convex Analysis and Variational Problems. Amsterdam Oxford. North-Holland Publ. Company. 1976. IX, 402 S., Dfl. 85.00. US $ 29.50 (SMAA 1)

König, D. / Stoyan, D., Methoden der Bedienungstheorie. Berlin. Akademie-Verlag. 1976. 187 S., 10 Abb., M 8,–. (WTB Mathematik · Physik 143)

Meyberg, K., Algebra. Teil 2. München-Wien. Carl Hanser Verlag. 1976. 182 S., DM 36,–.

Schärf, J., Fortran für Anfänger. Wien-München. R. Oldenbourg-Verlag. 1975. 171 S., DM 19,80. (Reihe: Fortbildung durch Selbststudium)

Schlenker, B. R., Einführung in die strukturorientierte Werkstoffkunde. München-Wien. R. Oldenbourg Verlag. 1975. 392 S., 174 Abb., DM 78,–.

Oden, J. T. / Reddy, J. N., Variational Methods in Theoretical Mechanics. Berlin-Heidelberg-New York. Springer-Verlag. 1976. X, 302 S., 5 Abb., DM 29,80. US $ 12.30.

Bachmann, P., Grundlagen der Compilertechnik. München-Wien. R. Oldenbourg Verlag. 1975. 184 S., 34 Abb., DM 44,–. (Reihe: Verfahren der Datenverarbeitung)

Schaal, H., Lineare Algebra und Analytische Geometrie. Band 1. Braunschweig. Vieweg & Sohn. 1976. 255 S., DM 21,80.

Cabannes, H. (Hrsg.), Padé Approximants Method and its Applications to Mechanics. Berlin-Heidelberg-New York. 1976. XV, 267 S., 54 Abb., DM 28,–. US $ 11.50. (Lecture Notes in Physics 47)

Jauch, J. M. / Rohrlich, F., The Theory of Photons and Electrons. 2. erw. Aufl., Berlin-Heidelberg-New York. Springer-Verlag. 1976. XIX, 553 S., 55 Abb., DM 41,–. US $ 16.80. (Texts and Monographs in Physics)

NACHRICHTEN

Tagungsankündigung:

„Vom 27. bis 29. Oktober 1977 wird von der Technischen Hochschule Karl-Marx-Stadt gemeinsam mit dem KDT-Bezirksverband Karl-Marx-Stadt im Rahmen der „Tage der Wissenschaft und Technik" eine Fachtagung „Maschinendynamik" mit internationaler Beteiligung veranstaltet. Folgende Problemkreise werden behandelt:

- Allgemeine Berechnungs- und Meßmethoden der Maschinendynamik
- Ermittlung dynamischer Kennwerte von Maschinen und Werkstoffen
- Dynamik der Verarbeitungsmaschinen (insbesondere Textilmaschinen, polygrafische Maschinen)
- Dynamik der Werkzeugmaschinen.

Interessenten möchten sich an folgende Adresse wenden:

Technische Hochschule Karl-Marx-Stadt
Sektion Maschinen-Bauelemente
Lehrstuhl Dynamik
DDR 9011 Karl-Marx-Stadt
PSF 964

ICOSSAR '77

Der DFG Sonderforschungsbereich 96 „Sicherheit der Bauwerke“ veranstaltet vom 19.—21. September 1977 die „SECOND INTERNATIONAL CONFERENCE ON STRUCTURAL SAFETY AND RELIABILITY“ (ICOSSAR '77) an der Technischen Universität München. Die Tagung steht unter dem Thema der Wechselbeziehung zwischen Forschung und Anwendung im Konstruktiven Ingenieurbau.

Aus dreizehn Ländern wurden 36 führende Fachleute von Universitäten und aus der Industrie eingeladen, um über aktuelle Sicherheitsfragen im Konstruktiven Ingenieurbau vorzutragen und anschließend mit den Konferenzteilnehmern zu diskutieren. Die Themenkreise beinhalten u. a. Methoden der Risikobeurteilung von Tragwerken des Kernkraftwerkbaus und der Meerestechnik sowie Zuverlässigkeitsbetrachtungen von Tragwerken, die Wind- bzw. Erdbebenbeanspruchungen ausgesetzt sind. Ferner wird auch die Anwendung wahrscheinlichkeitstheoretischer Methoden in der Baubetriebslehre behandelt.

Zusätzliche Informationen über die Veranstaltung erhalten Sie unter folgender Adresse:

Sekretär, Organisationskomitee, ICOSSAR '77
Postfach 202420
D-8000 München 2, BRD

H. PARKUS

THERMOELASTICITY

2nd revised and enlarged edition.
13 figures. VIII, 119 pages. 1976.
ISBN 3-211-81375-6

An up-to-date presentation of thermoelasticity is given. The linear theory is presented first. This is followed by the general non-linear theory and a new chapter on thermoelastic stability.

Contents:

SPRINGER-VERLAG · WIEN NEW YORK

Bei Fragen zur Produktsicherheit wenden Sie sich bitte an:
If you have any questions regarding product safety,
please contact:

Walter de Gruyter GmbH
Genthiner Straße 13
10785 Berlin
productsafety@degruyterbrill.com